Marie C. Aguayo Beligat

El Árbol de la Vida y El Oro Verde

El cultivo que salva vidas humanas y animales

Una planta sorprendente
que crece fácilmente en zonas áridas y semiáridas
y que puede mantener la vida en regiones adversas
produciendo
biopurificadores naturales eficaces del agua,
alimentos funcionales con propiedades nutracéuticas,
forraje para alimentar animales,
y también puede ser utilizada
para prevenir, revertir y curar enfermedades,
fijar el desierto y las laderas, y mejorar los suelos.

https://eidos-project.net
Nutri-Ciencia para Todos

El Arbol de la Vida y El Oro Verde.

ISBN 978-1-989332-07-8

Edición 2019.
Eidos-Project Books

Tabla de contenidos

Prefacio

"El Árbol de la Vida y el Oro Verde" es una planta sorprendente que no sólo puede salvar vidas humanas y animales, sino que también puede contribuir a mantener comunidades en regiones inhóspitas y a resolver el problema del hambre en muchas partes del mundo.

Es una planta nativa de Mesoamérica que tiene características peculiares que ha formado parte del imperio azteca y que ahora forma parte de la cultura alimenticia y nutricional de la población mexicana. Tras el descubrimiento de América fué diseminada en el Mediterráneo y otros lugares del planeta. Dado que esta planta se puede reproducir y propagar muy fácilmente, en muchos países se la considera una especie invasora y por falta de conocimiento no es explotada o permanece subexplotada.

"El Árbol de la Vida y el Oro Verde" puede crecer fácilmente sin cuidado o con muy pocos cuidados en zonas áridas y semiáridas y mantener la vida en comunidades establecidas en zonas adversas. Esta planta produce biofloculantes y biocoagulantes eco-amigables y eficientes que se pueden obtener y utilizar con total facilidad, tanto a nivel casero como a nivel industrial, para la biopurificación natural del agua —un elemento básico e importante para el sostén y el desarrollo de la vida en cualquier lugar—, produce alimentos funcionales con propiedades nutracéuticas que son capaces de prevenir, revertir y curar diversas enfermedades incluyendo varios tipos de cáncer, produce forraje para alimentar animales tales como ganado, cerdos, cabras y ovejas como así también provee alimentos para aves de corral, produce materia prima para diversas clases de industrias alimentaria y no alimentaria, también es una planta útil para ser utilizada en cercos naturales productivos, como asimismo, puede mejorar y fijar suelos y laderas.

Este libro brinda información básica y general acerca de las múltiples propiedades benéficas y de las aplicaciones más importantes que posee “El Árbol de la Vida y El Oro Verde” que permitirá desarrollar mini sistemas de auto sustento y obtener a su vez beneficios económicos. También brinda ideas y conocimientos para desarrollar explotaciones agrícolas, medicinales e industriales productivas con un impacto positivo en la economía local.

De “El Arbol de la Vida y El Oro Verde” nada se desaprovecha, absolutamente todo es aprovechado.

Introducción

El higo de pala es una planta que además de contener importantes compuestos fitoquímicos, puede crecer no sólo en zonas áridas y semiáridas sino que puede permitir y sostener el desarrollo de la vida en muchas regiones adversas del mundo. Por sus sorprendentes características debería ser llamada "El Árbol de la Vida y El Oro Verde".

En una orden de 1620, el rey Felipe III de España declaraba que: "*...una de las frutas más valiosas cultivadas en nuestras Indias Occidentales es la pera de cactus, producto de igual valor que el oro y la plata...*"; en Etiopía, esta planta es considerada el "*Puente de la vida*" porque sus tallos y frutos almacenan grandes cantidades de agua y proporcionan alimento tanto para el ganado en épocas de sequía como para los pastores, contribuyendo así a la supervivencia tanto de los agricultores como de sus animales; en México, por ejemplo, con esta planta es posible reducir la malnutrición y mejorar la calidad de vida[1].

En 1994, un periodista siciliano resumió las virtudes de "El Árbol de la Vida y El Oro Verde" en una sola frase: "*Un tesoro que yace bajo las espinas*"[1]. Es una planta vital que también ha sido llamada "*un cultivo que salva vidas humanas y animales*" y que en América Latina es considerada "*el alimento de los pobres*".

En México, en la época prehispánica, "El Árbol de la Vida y El Oro Verde" era una parte importante de la cultura azteca y tenía varios usos tales como la alimentación, la bebida, la medicina, la construcción de viviendas, la fabricación de mantas y de herramientas, y como era tan importante, se elevó hasta alcanzar el estado de ser divino[1]. Posiblemente "El Árbol de la Vida y El Oro Verde" fue introducido en Europa a mediados del siglo XVI por los conquistadores españoles.

Esta sorprendente planta tiene un rápido crecimiento y produce fitomoléculas que purifican eficientemente el agua —un elemento fundamental para el desarrollo de la vida en cualquier lugar del mundo—, produce alimentos funcionales con propiedades nutracéuticas con importantes propiedades medicinales, incluyendo propiedades anticancerígenas, puede ser utilizada como forraje durante todo el año para la cría de animales, puede ser plantada para la fijación de suelos desérticos y laderas, y mejorar los suelos, también puede ser utilizada para hacer cercos productivos, además de tener múltiples aplicaciones en la industria alimenticia y no alimenticia. Jugos, mermeladas, harina, varios tipos de conservas, jaleas, tintes, edulcorantes, bioflo-culantes para la bioclarificación o biopurificación del agua son algunos de los productos que es factible elaborar a partir de "El Árbol de la Vida y El Oro Verde". Se explota comercialmente como fruta, hortaliza, forraje, energía, planta medicinal, farmacología y colorante natural.

Además, "El Árbol de la Vida y El Oro Verde" es una planta valiosa que permite establecer importantes agro-ecosistemas eficientes y productivos con beneficios socioeconómicos para la comunidad asegurando adicionalmente, ingresos satisfactorios en ambientes adversos. Por otro lado, esta planta también puede ser manejada compartiendo otros cultivos en un ecosistema agrícola eficiente, productivo y sostenible.

En un agro-ecosistema sostenible, por ejemplo, tanto el "Árbol de la Vida y El Oro Verde" como el suelo pueden ser beneficiados con el estiércol de animales alimentados principalmente con cladodios y/o de un cultivo compartido como el *Trifolium pratense* o trébol rojo, una leguminosa que es una planta forrajera beneficiosa que puede fijar nitrógeno aumentando la fertilidad del suelo. Los fertilizantes naturales, provenientes tanto del estiércol como del trébol rojo, beneficiarán al cultivo del higo de pala incrementando la producción de la plantación y asegurando una variedad de productos empleados en la dieta humana, en la alimentación animal y proporcionando materia prima para una amplia gama de distintos tipos de industrias.

Al mismo tiempo, "El Árbol de la Vida y El Oro Verde" puede desempeñar un papel importante en la mejora de las propiedades del suelo, puede prevenir aludes, evitar la erosión del suelo y las inundaciones que muchas veces son factores responsables de desastres naturales, favorecer los niveles de humedad y las capacidades de retención de agua del suelo en beneficio de la productividad del agro-ecosistema.

Lo bueno de "El Árbol de la Vida y El Oro Verde" es que es un cultivo perenne que además de crecer fácilmente en regiones adversas, requiere sólo un mínimo o ningún cuidado y tolera una variedad de condiciones ambientales, soporta podas intensivas y también es capaz de manejar eficientemente el recurso hídrico.

Comunidades enteras pueden ser favorecidas de distintas maneras de los múltiples beneficios que puede proporcionar "El Árbol de la Vida y El Oro Verde".

Nada de "El Árbol de la Vida y El Oro Verde" se desperdicia, todo es aprovechable.

Referencias

[1] Sáenz, Carmen et al. 2013. Agro-industrial utilization of cactus pear. Food and Agriculture Organization of the United Nations, FAO.

Capítulo 1

BIOLOGÍA, IMPORTANCIA ECONÓMICA Y CULTIVO DE "EL ÁRBOL DE LA VIDA Y EL ORO VERDE"

Biología, importancia económica y cultivo de "El Árbol de la Vida y El Oro Verde"

"El Árbol de la Vida y El Oro Verde" es un cactus conocido como higo de pala o nopal. Es una planta con muchas propiedades útiles y benéficas: es una planta vital para el desarrollo de la vida en condiciones inhóspitas y ha sido calificada como "*un cultivo que salva vidas humanas y animales*". El uso y cultivo de *Opuntia* spp. se remonta a la prehistoria. Esta planta se puede cultivar fácilmente y forma parte del entorno natural de muchos ecosistemas. El higo de pala es un cultivo perenne que requiere poco o ningún cuidado, soporta talas intensivas y tolera una amplia variedad de condiciones ambientales.

INTRODUCCIÓN

"El Árbol de la Vida y El Oro Verde" es el cactus higo de pala o nopal que es una planta más que útil: es una planta vital que ha sido llamada "*un cultivo que salva vidas humanas y animales*", especialmente en tiempos de sequía severa[11]. También, en los países de Latino América es considerada como "*el alimento de los pobres*".

El nopal es una planta del género *Opuntia* de la familia de las cactáceas que es endémica en América; sigue siendo el género más extendido de la familia, uno de los más grandes con 181 especies y 10 híbridos naturales[2]. *Opuntia ficus-indica*, con segmentos de tallos aplanados; pertenece a la familia Cactaceae, que según se conoce contiene alrededor de 130 géneros y cerca de 1500 especies, es originalmente nativa del Nuevo Mundo; el higo de pala o nopal (*Opuntia ficus-indica*) está ampliamente distribuido en México, gran parte de América Latina, Sudáfrica y el área mediterránea[18].

El cactus *Opuntia ficus-indica* ha sido explotado comercialmente como cultivo frutal, hortícola, forrajero, energético, medicinal y productor de colorantes en zonas áridas y semiáridas del mundo[12]. *Opuntia* spp. ha sido una fuente de alimento para los pueblos de América del Norte y los orígenes de su uso se pierden en la mitología antigua, además de su uso en la alimentación, se utiliza para tratar la tos ferina, la diabetes, los problemas de próstata, el reumatismo y las hemorragias nasales[19].

Además de ser una excelente fuente de biopurificación natural del agua, *Opuntia ficus-indica*, "El Árbol de la Vida y El Oro Verde", es la especie de cactus de mayor importancia agronómica, no sólo por sus deliciosos frutos, sino también por sus tallos que se utilizan como forraje para el ganado o como hortaliza para el consumo humano; el uso y cultivo de *Opuntia* spp. se remonta a la prehistoria, mucho antes de la llegada de los españoles a América[11]. Desafortunadamente, en varias partes del mundo tiene el estatus de especie invasora y en esos países los usos benéficos potenciales de esta planta permanecen sin explotar o están subexplotados.

"EL ARBOL DE LA VIDA Y EL ORO VERDE" NOMBRES Y DESCRIPCIÓN

Clasificación Científica	
Reino	Plantae
Clase	Magnoliopsida
Subclase	Caryophyllidae
Orden	Caryophyllales
Familia	Cactaceae
Subfamilia	Opuntioideae
Tribus	Opuntieae
Género	*Opuntia* spp.

Fig. 1.1: *Opuntia* spp. planta. Higo de pala, Nopal o Chumbera. "El Árbol de la Vida y El Oro Verde".

Fig. 1.2: Flor.

Fig. 1.3: Frutos del higo de pala o tunas.

Fig. 1.4: Tallo joven y tierno. Nopalitos.

Fig. 1.5: Cladodio con flores y tunas. Por lo general las flores se encuentran en el margen apical del cladodio, hasta 10 por cladodio.

Nombre científico: *Opuntia ficus-indica* (L.) Miller
Sinónimos: *Opuntia maxima* Mill., *Opuntia gymnocarpa* Weber, *Opuntia ficus-barbarica* A. Berge.

Nombres vulgares o comunes

Prickly pear tree, prickly pear, barbary fig, cactus pear, Indian fig, Indian fig prickly pear, mission fig, smooth prickly pear, tuna, cactus leaf, nopales, nopalitos, higo de pala, nochtli.

Nochtli es el nombre original, en el lenguaje Náhuatl.

Descripción

El género *Opuntia* incluye la chumbera, las orejas de conejo y los cactus de cola de castor; también se le llama higo de pala e higo indio[2]. El nombre más comúnmente aplicado a la planta era ficus indica, es decir, higuera de las Indias[17]. Las palas son llamadas "cladodios" o "nopales" cuando están enteras, y "nopalitos" cuando están cortadas en dados o son palas o cladodios jóvenes y tiernos. Saben a judías verdes. Los frutos se llaman higo chumbo, pera de cactus, higo de pala o tuna.

Opuntia spp. es comúnmente llamada nopal en México, "prickly pear", o "cactus leaf" en Estados Unidos[6], higo de pala en España y tuna en varios países de América Latina. Un uso común de los tallos de cactus llamados nopalitos, —una hortaliza tradicional— es comerlos frescos o cocinados formando parte de varios platos culinarios. Los nopalitos se obtienen generalmente de *Opuntia ficus-indica*, *Opuntia robusta* o *Nopalea* spp.[8].

Las flores, son sésiles, hermafroditas y solitarias, se desarrollan normalmente en el borde superior de los cladodios; el color es variable pudiendo ser de color rojo, amarillo y blanco[13]. El fruto es una baya ovoide, grande, de color amarillo púrpura en su estado maduro; el cladodio pesa un promedio de 1,8 kg y tiene unos 40 cm de longitud, tiene formas redondeadas y ovoides; la mayoría de las especies del género *Opuntia* tienen espinas que involucran a los cladodios; la presencia o ausencia de espinas es una característica utilizada a menudo para la identificación de los ecotipos de la planta; los frutos varían de 4.8 a 10 cm de largo, con un ancho de 4 a 8 cm y un peso de entre 100 y 200 g; tienen una corteza gruesa que en las primeras etapas de desarrollo es verde, pero este color cambiará a blanco-verde, amarillo, naranja, rojo, púrpura, amarillo-púrpura, violeta o marrón, dependiendo de las condiciones de cultivo[2].

Científicamente, los tallos son conocidos como cladodios y comúnmente se los conoce como "palas", "hojas carnosas" o "raquetas"; son suculentos y articulados; la fotosíntesis tiene lugar en los cladodios, que actúan como hojas para esta función; los cladodios están protegidos por una cutícula gruesa, que en ocasiones está cubierta con cera y gloquidios que reducen aún más la pérdida de agua; los tallos tienen la capacidad de almacenar cantidades considerables de agua debido que poseen un parénquima abundante; el parénquima es un tejido blanquecino en el que se almacena el agua que permite a estas plantas sobrevivir a largos períodos de sequía; los cladodios, como ya se dijo anteriormente, también tienen espinas, tienen pocos estomas por unidad de superficie que presentan la peculiar propiedad de permanecer cerrados durante el día y abiertos durante la noche[13].

IMPORTANCIA ECONÓMICA Y BIOLÓGICA

Opuntia spp. es una especie de cactus con una enorme importancia económica en todo el mundo y por sus características biológicas y económicas peculiares merece ser llamada "El Árbol de la Vida y El Oro Verde". Las plantas de *Opuntia* son principalmente una fuente de alimento para el hombre y los animales en el mundo debido que se encuentra disponible durante todo el año.

El higo de pala formaba parte de la cultura azteca[11]. En el siglo XVI *Opuntia ficus-indica* ya era un cultivo importante en Centroamérica; los españoles llevaron esta especie a su tierra natal dadas sus peculiaridades morfológicas y por sus frutos comestibles, sus propiedades antiescorbuto y por ser el huésped del insecto cochinilla del que se obtiene el colorante de cochinilla comercialmente importante; posteriormente, tanto desde México como desde España, *Opuntia ficus-indica* se introdujo en otras partes del mundo, particularmente en la región del mediterráneo[9]. *Opuntia ficus-indica* es la especie más importante desde el punto de vista agronómico para la producción de frutos y de cladodios, ambos comestibles[2].

En los últimos años, el nopal ha sido reconocido como uno de los recursos económicos más importantes por sus propiedades nutricionales, funcionales y terapéuticas mejor valoradas, así como por el potencial que puede tener en la industria cosmética y bioenergética, sin olvidar las aplicaciones ecológicas y los productos actuales basados en el nopal que poseen un gran valor para las generaciones actuales y futuras[3].

El nopal *Opuntia ficus-indica* ha sido explotado comercialmente como cultivo frutal, hortícola, forrajero, energético, medicinal y de producción de colorantes en zonas áridas y semiáridas del mundo[12].

En el noreste semiárido de Brasil, la pala o cladodio se utiliza en la lucha contra el hambre y la desnutrición humana, es un poderoso alimento alternativo rico en vitaminas A, C, complejo de vitaminas B y minerales como el calcio, el magnesio, el sodio y el potasio, así como también por sus diecisiete aminoácidos. Es un alimento más nutritivo que la col, la remolacha y el plátano, además de ser un producto barato[2] y fácil de obtener.

Además de ser una buena fuente de propiedades alimenticias y medicinales, *Opuntia* spp. es también un biopurificador de agua natural eficaz y eficiente que permite obtener fácilmente agua potable en todo el mundo.

DISTRIBUCIÓN, CULTIVO Y PRODUCCIÓN

El género *Opuntia*, es una planta que posee cerca de 1500 especies de cactus[2]. Aunque la chumbera es nativa de los Estados

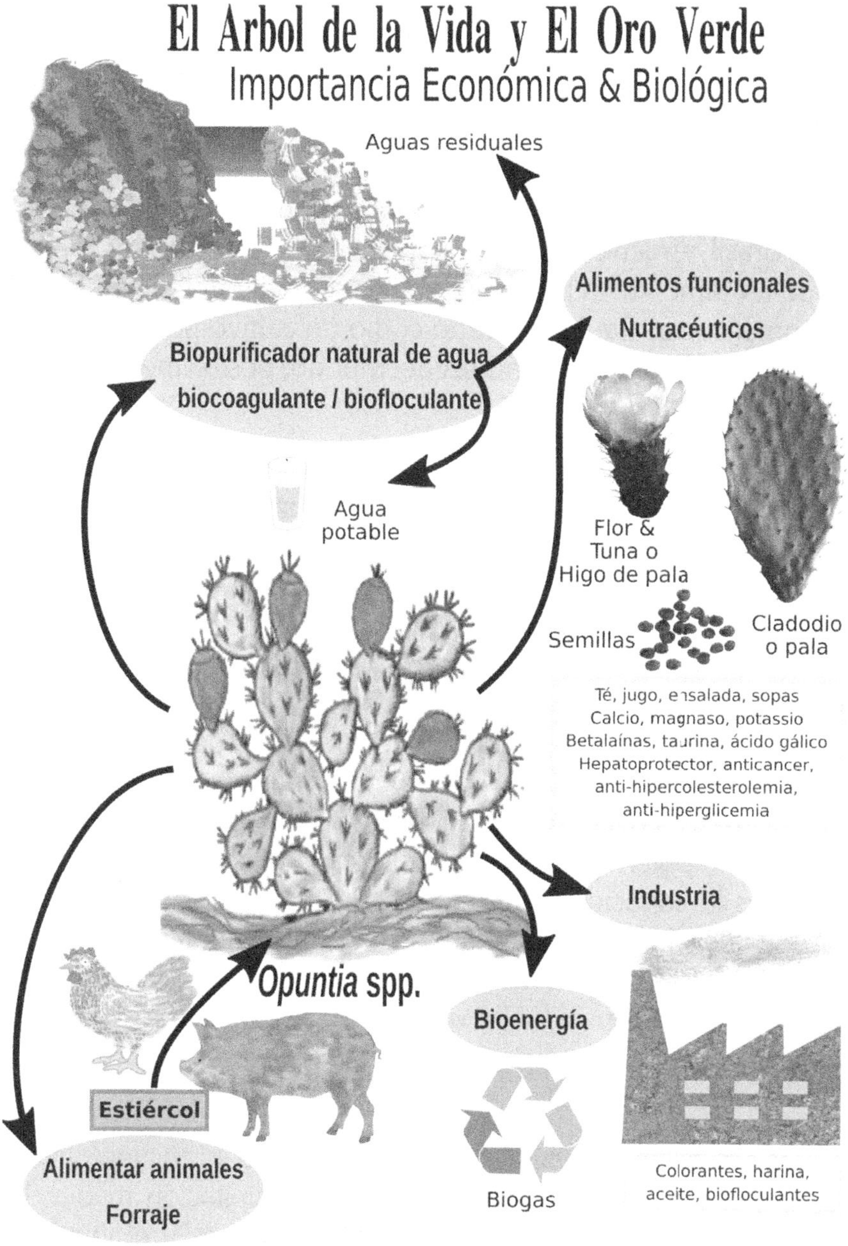

Fig. 1.6: Muestra la importancia económica y biológica que tiene "El Árbol de la Vida y El Oro Verde" como biopurificador natural del agua, fuente de aplicaciones alimentarias industriales, agrícolas y farmacológicas.

Unidos, México y Sudamérica, crece bien en muchas áreas del mundo, incluyendo África, Australia, el área mediterránea y en algunas áreas de Sudáfrica aunque también se ha convertido en una maleza en muchas partes; la especie *Opuntia* tiene una distribución cosmopolita, se encuentra principalmente en regiones áridas y semiáridas[2].

Los países donde el cactus es comúnmente cultivado son México, Brasil, Argentina, Sudáfrica, Israel, Estados Unidos, Italia, como así también en muchos otros países latinoamericanos, asimismo el cactus fue identificado como un cultivo potencial para las regiones áridas y semiáridas del mundo; posiblemente es nativo de México[12].

El higo de pala es un cultivo perenne que requiere un cuidado mínimo o ninguno. *Opuntia* spp. tolera una variedad de condiciones de crecimiento, pero la productividad en su hábitat natural está limitada y condicionada por la sequía y los suelos pobres; la forma de los cladodios ha evolucionado para almacenar la máxima cantidad de agua con una pérdida hídrica mínima; los ejemplares silvestres de *Opuntia* spp. se encuentran generalmente en suelos pobres con un bajo contenido de materia seca, en regiones que sólo tienen cortas temporadas que favorecen su crecimiento, es decir, en regiones que no permiten el desarrollo pleno de su potencial de crecimiento; en ciertas condiciones ambientales la capacidad reproductiva de las plantas de *Opuntia* spp. se ve reducida lo que conduce a esta planta a permanecer en un estado juvenil generando nuevos cladodios[1]. Como es bien sabido, la composición química de *Opuntia* spp. varía según la especie, las condiciones ambientales y las estaciones de la zona donde se encuentra.

Las condiciones óptimas para su crecimiento se encuentran en las regiones de lluvias estivales con una precipitación media de entre 300 y 600 mm; los días soleados calurosos y el invierno seco y fresco, en los que la temperatura no desciende por debajo de los 5°C, son los más adecuados para la producción del cactus; el cactus prospera mejor en suelos arenosos y franco-arenosos;

Fig. 1.7 - 1.8: Los cogollos, llamados aerolas, que se encuentran en los bodes del cladodio desarrollan nuevos cladodios.

1

2

3

Fig 1.9: Tres maneras de propagación de *Opuntia* spp.

1. Ángulo recto, hacia arriba;

2. Ángulo de 30° y;

3. Acostado.

Colóquelo en posición vertical sólo a una pulgada de profundidad en una mezcla de partes iguales de tierra y arena o piedra pómez rugosa; las raíces adventicias se desarrollan a partir de las areolas en la parte del cladodio que entra en contacto con el suelo.

sin embargo, también puede prosperar bien en suelos compactos con un drenaje adecuado; también son adecuados los suelos de grava o pedregosos, especialmente en las laderas de las colinas de los cerros; y además, prospera muy bien en suelos levemente alcalinos con alto contenido de calcio y de potasio[12].

El higo de pala es fácil de cultivar y tiene una alta productividad y se considera generalmente un cultivo rústico, capaz de sobrevivir en suelos pobres y en áreas secas[21]. Los estudios han demostrado que 1 hectárea de una plantación de *Opuntia* de más de 5 años de edad puede producir hasta 100 toneladas de cladodios frescos por año en áreas poco lluviosas ($\leq$300 mm); en algunas partes semiáridas de México, los cladodios son recolectados tradicionalmente de plantas silvestres de cactus como fuente de forraje; la poda regular aumenta el rendimiento y mejora la calidad de los frutos y de los nopalitos[11].

Propagación

La propagación de *Opuntia* spp. puede ser iniciada tanto a partir de semillas como de cladodios o palas. La multiplicación vegetativa parece ser más eficiente que la reproducción sexual para la propagación de estas plantas[9].

Para una producción más rápida se recomienda la propagación vegetativa a partir de cladodios porque la propagación a partir de semillas es lenta dado que pueden pasar de tres a cuatro años antes de que aparezcan las flores y los frutos. La reproducción a partir de palas es más simple y rápida.

El material de reproducción deberá ser recolectado de plantas robustas, productivas y sanas. Las palas o cladodios se pueden recoger al final de la temporada de crecimiento los que deben ser sometidos a una ligera deshidratación para inducir la suberización de las articulaciones. Es necesarios recoger cladodios de tamaño mediano a grande, desprovistos de manchas oscuras o de coloraciones sospechosas; después de la recolección, deben ser almacenados en un lugar sombreado y seco durante 2 semanas[16].

Fig. 1.10: *Opuntia* spp. "El Árbol de la Vida y El Oro Verde".

Fig. 1.11: *Opuntia* spp. "El Árbol de la Vida y El Oro Verde".

Los cladodios pueden iniciar el proceso de enraizamiento poco después de entrar en contacto con el suelo; la humedad del suelo es importante —pero no limitante— para el enraizamiento dado que la formación inicial de raíces es favorecida por el agua almacenada en el propio cladodio[1].

Esta es la razón principal por la que el higo de pala se propaga comúnmente a través de esquejes; el estímulo a la desdiferenciación y multiplicación celular puede ocurrir en un plazo de 2 días después de que los esquejes se ponen en contacto con el suelo, la aparición de primordios puede ocurrir en un plazo de 14 días; a partir de un cactus en crecimiento, se corta una pala saludable que tenga al menos seis meses de edad y se planta, ello permitirá formar al cabo de un mes algunas raíces y de este modo la pala se afirmará en el suelo[8].

Los cogollos, llamados areolas, se encuentran a ambos lados de los cladodios. Estos son capaces de desarrollar nuevos cladodios, flores o raíces dependiendo de las condiciones ambientales[13]. Durante el primer año de crecimiento, se pueden recolectar de 2 a 4 palas por planta[16].

La planta puede ser mantenida en estado juvenil indefinidamente mediante la poda continua que es la técnica básica de manejo del cultivo para la producción de *Opuntia* spp. como vegetal; si no se poda, los cladodios continuarán creciendo hasta el otoño dando lugar a flores al principio de la primavera; el desarrollo de los brotes florales pueden ser observados sobre todo en los cladodios maduros que tienen por lo menos seis meses de edad[1].

Las semillas de *Opuntia ficus-indica* y *Opuntia* spp. tienen baja capacidad germinativa debido principalmente a sus tegumentos duros lignificados, el más interno de los cuales es el funículo que envuelve al embrión, obstruye la protrusión radicular[2].

Plantación

El cladodio maduro de las accesiones identificadas debe ser seleccionado para la plantación; es necesario realizar el curado

Fig. 1.11: Flor y fruto en desarrollo.

Fig. 1.12: Opuntia Spp. raíces.

Fig. 1.13: Cladodio infectado con el insecto cochineal. Es utilizado para la producción de colorante.

TRATAMIENTO PARA LA PROPAGACIÓN DE PALAS

Para reducir la putrefacción, los cladodios deben ser tratados con una mezcla bordelesa preparada el mismo día del tratamiento: mezclar 1 kg de sulfato de cobre en 5 litros de agua tibia hasta su completa disolución, luego añadir 1 kg de cal, remover hasta que la mezcla sea homogénea, y luego diluir en 100 litros; esta solución es suficiente para tratar hasta 2000 palas[16].

de los cladodios recién cosechados dejándolos bajo sombra durante 15 días antes de la plantación en el campo; luego los cladodios deben ser tratados con fungicida antes de ser plantados; aunque el cactus puede ser cultivado a una distancia de 2 m x 1 m, el espaciamiento de la planta de 3 m x 2 m fue adoptado para la plantación de la BAIF; el cladodio debe ser plantado a una profundidad de 1/3 de su tamaño debajo de la superficie de la tierra[20].

Controlando la producción

La producción de *Opuntia* spp. puede ser controlarda variando la cantidad de nitrógeno como fertilizante. Si se prefiere más flores y frutas, habrá que tratar a las plantas con un fertilizante sin nitrógeno tal como 0-10-10 (N-P-K) una vez al mes, incluso durante el invierno. Durante este período de latencia, las plantas requieren un ambiente luminoso y suficiente agua a los efectos de evitar que las palas se marchiten; pero, si se desea cultivar el higo de pala para obtener cladodios, entonces la planta deberá ser nutrida con un fertilizante con alto contenido de nitrógeno[7].

En las zonas rurales, las heces de aves de corral y de vaca se pueden utilizar como fertilizante de alto contenido de nitrógeno con un costo gratuito.

Cosechando los cladodios

El mejor momento para cosechar las palas es entre la media mañana y la media tarde, debido que es el momento cuando el contenido de ácido en las palas está en su punto más bajo, los cladodios deben ser retirados cortando cuidadosamente los mismos en el punto de su unión o soporte[7].

Cosechando los frutos

La recolección debe ser realizada utilizando guantes y pinzas de cuero o caucho; las frutas, una vez cosechadas **no continuarán madurando**, por lo tanto, deben ser cosechadas maduras para obtener el mayor contenido de azúcar; es necesario utilizar pinzas para retorcer suavemente la fruta y separarla de la pala. Es mejor poner la fruta en una bolsa de papel o en algún otro recipiente que impida el paso de los gloquidios[16].

Cosechando las flores

La recolección de las flores sólo debe ser realizada después de que se haya producido la fecundación.

Después de secar las flores a la sombra, las flores secas deben ser guardadas y almacenadas dentro de un frasco de vidrio en un lugar fresco, seco y oscuro.

ANATOMÍA Y FISIOLOGÍA

El tallo del cactus es una hortaliza ancestral que presenta adaptaciones morfológicas, anatómicas y fisiológicas que le permiten sobrevivir en un ambiente hostil[15].

Los cactus son plantas muy eficientes en el uso del agua gracias a la vía fotosintética del metabolismo ácido de las crasuláceas (CAM) que le permiten soportar sequías prolongadas, altas temperaturas y erosión eólica e hídrica; *Opuntia* spp. se utiliza en programas para prevenir la erosión del suelo y combatir la desertificación; son plantas muy adaptables, pueden crecer en suelos gravemente degradados e inadecuados para otros cultivos y por otra parte son plantas ideales para responder a los aumentos de los niveles de dióxido de carbono (CO_2) en la atmósfera; además, los cactus pueden aprovechar bien las precipitaciones escasas debido que sus raíces se encuentran cerca de la superficie del suelo; el agua es absorbida rápidamente por las raíces y se almacena en sus tallos gruesos y expansibles[11]. En la mayoría de las cactáceas el tejido fotosintético se encuentra en el tallo cuyos tejidos suelen contener grandes cantidades de mucilago conformado por carbohidratos complejos, el cual es hidrófilo afectando las relaciones de agua[8]. Además, el mucílago constituye aproximadamente el 14% del peso seco de los cladodios y puede contener más del 30% del agua total del parénquima de reserva[15].

Los cactus poseen una variedad de adaptaciones fisiológicas para el crecimiento y la supervivencia en ambientes desérticos; estas plantas tienen metabolismo CAM que se caracteriza por la presencia de la transpiración nocturna con la asimilación de CO_2, la reasimilación continua día/noche de gases endógenos debido a la estricta regulación de los estomas que aumenta la eficiencia en el uso del agua a la vez que reduce la pérdida de gases endógenos y que además, mantiene un nivel moderado de actividad metabólica durante los períodos de ausencia de intercambio de gases atmosféricos[14]. El intercambio de gases con el aire circundante se produce en todos los estomas, las únicas aberturas físicas de la epidermis y la apertura de cada estoma está controlada por dos células guardia; las frecuencias de los estomas en los cactus son bajas[8].

Los brotes de crecimiento se originan en estructuras llamadas areolas desde donde se desarrollan flores, frutos y espinas; estas últimas proporcionan protección para evitar la depredación así como el daño por exposición prolongada a la luz solar; las espinas son hojas modificadas del cactus y éstas están compuestas de 47,9 % de celulosa, 48 .4% de hemicelulosas, lignina, cenizas, grasa y ceras en cantidades muy pequeñas; además, una capa de cutícula cubre la superficie de cada espina proporcionando protección contra la desecación; las capas hidrofóbicas se apilan y se desplazan circularmente debido al crecimiento de la espina a partir de la capa de revestimiento, lo que lleva a que se forme una sección delgada en las extremidades y otra más gruesa en las cercanías de la capa de protección contra la desecación[15].

REFERENCIAS

[1] Mondragón-Jacobo, Candelario et al. 2014. Opuntia as forage Cultivation of opuntia for fodder production: from re-vegetation to hydroponics. https://www.researchgate.net/publication/265260985.

[2] Guedes Paiva, Patrícia Maria et al. 2016. Opuntia sp. Cactus: Biological Characteristics, Cultivation and Applications. AIR, 7(3): 1-14.

[3] Ciriminna, Rosaria et al. The unfolding bioeconomy of nopal (*Opuntia* spp.)

[4] Ciriminna, Rosaria et al. 2019. Solar air drying for innovative *Opuntia ficus-indica* cladode dehydration. 4open, 2,1.

[5] Vijayaraghavan , G. et al. 2011. Application of plant based coagulants for waste water treatment. IJAERS, Vol. I, Issue I, October-December, 2011/88-92.

[6] Miller, Sarah M. et al. 2008. Toward Understanding the Efficacy and Mechanism of *Opuntia* spp. as a Natural Coagulant for Potential Application in Water Treatment. Environmental Science & Technology / Vol. 42, No. 12.

[7] Small Farm Center, University of California. 1989. Prickly Pear Cactus Production. http://sfp.ucdavis.edu/pubs/brochures/Pricklypear/

[8] Nobel, Park S. 2001. Cacti. Biology and uses. University of California Press.

[9] Reyes-Agüero, J. Antonio et al. 2005. Systematic notes and a detailed description of *Opuntia ficus-indica* (L.) Mill. (Cactaceae). Publicado como Ensayo en Agrociencia 39: 395-408.

[10] Miller, Sarah M. et al. 2008. Toward Understanding the Efficacy and Mechanism of Opuntia spp. as a Natural Coagulant for Potential Application in Water Treatment. Environ. Sci. Technol, 42, 4274–4279.

[11] Inglese P, et al. 2017. Crop ecology, cultivation and uses of cactus pear. FAO.

[12] Gajender, R.K. Yadav et al. 2013. Growth and fruit characteristics of edible cactus (*Opuntia ficus-indica*) under salt stress environment. Journal of Soil Salinity and Water Quality 5(2), 136-142.

[13] Sáenz, Carmen et al. 2013. Agro-industrial utilization of cactus pear. FAO.

[14] Szarek, Stan R. and Ting, Irwin P. 1974. Respiration and Gas Exchange in Stem Tissue of *Opuntia basilarist*. Plant Physiol. 54, 829-834.

[15] Ventura-Aguilar, R.I. et al. 2018. Cactus stem (Opuntia ficus-indica Mill): Anatomy, physiology and chemical composition with emphasis on its biofunctional properties. doi: 10.1002/jsfa.8493.

[16] Bishop, Carol and McMurray, Brynne. 2016. Eating Cactus: Prickly Pear for Food. University of Nevada. Cooperative extension.

[16] Mondragón-Jacobo, Candelario et al. 2001. Cultivation of opuntia for fodder production: from re-vegetation to hydroponics. FAO.

[17] Donkin, R. A. 1977. Spanish Red: An Ethnogeographical Study of Cochineal and the *Opuntia* Cactus. JSTOR.

[18] Kaur, Manpreet et al. 2012. Pharmacological actions of Opuntia ficus indica: A Review. Journal of Applied Pharmaceutical Science 02 (07): 15-1.

[19] Anderson, Edward F. 2001. The Cactus family. Timber Press. Portland, Oregon.

[20] Kauthale, Vitthal et al. 2017. Cactus an Emerging Fodder Crop of Arid and semi Arid India. BAIF Development Research Foundation.

[21] FAO. 2017. Crop ecology, cultivation and uses of cactus pear. Food and Agriculture Organization of the United Nations and the International Center for Agricultural Research in the Dry Areas.

Capítulo 2

EL AGUA PARA LA VIDA

2A

"El Árbol de la Vida y El Oro Verde"

UN EFECTIVO BIOPURIFICADOR NATURAL DE AGUA

2B

Panorama general de los recursos hídricos

2A

"El Árbol de la Vida y El Oro Verde" un efectivo biopurificador natural de agua

"El Árbol de la Vida y El Oro Verde"

UN EFECTIVO BIOPURIFICADOR NATURAL DE AGUA

Hoy en día, varios tipos de extractos de plantas y de cladodios pueden ser utilizados como eco-amigables biopurificadores naturales de agua o biocoagulantes/biofloculantes. "El Árbol de la Vida y el Oro Verde" es una planta que puede crecer fácilmente bajo condiciones ambientales difíciles. Permite conseguir fácilmente sus productos para el tratamiento eficiente de las aguas residuales domésticas e industriales y la obtención de agua potable de buena calidad. Esta planta puede proporcionar abundantes productos naturales para purificar el agua, que son rentables, seguros para la salud humana y que además son biodegradables. "El Árbol de la Vida y El Oro Verde" es un cactus con tallos en segmentos aplastados llamados cladodios o palas cuyos frutos son conocidos por la gente como higo de pala o tuna. Es una planta sorprendente que no sólo ha sido utilizada como fuente de alimento por los pueblos de Norteamérica, sino que además de su uso como biopurificador natural de agua, es explotada comercialmente como cultivo frutal, hortícola, forrajero, energético, medicinal y productor de colorantes naturales.

BIOPURIFICACIÓN NATURAL DEL AGUA

La biopurificación natural del agua es conocida como biocoagulación y biofloculación, en dichos procesos intervienen compuestos biocoagulantes y biofloculantes macromoleculares biodegradables secretados ya sea por microorganismos o por plantas; usualmente estos biocompuestos muestran biodegradabilidad, inocuidad y ausencia de contaminación secundaria; los biofloculantes son ampliamente útiles en el tratamiento de todo tipo de agua tales como las aguas residuales y aquellas aguas contaminadas resultantes de la elaboración y fabricación de alimentos y de productos químicos; los biocoagulantes y biofloculantes son conocidos por su capacidad para clarificar la turbidez del agua[14].

La biopurificación natural del agua con biocoagulantes/biofloculantes ha sido utilizada durante siglos en el tratamiento tradicional del agua en las zonas rurales tropicales; algunos escritos describen el uso de coagulantes naturales de semillas de nirmali —*Strychnos potatorum*—, de maíz, de haba de mezquite —*Prosopis* spp.— de *Cactus latifaria*, de semillas de *Cassia angustifolia* y de diferentes especies de leguminosas, pero el material que ha recibido recientemente el mayor grado de atención es la semilla de *Moringa oleifera* autóctona de Sudán[5], y también *Opuntia* spp. como un efectivo y amigable eco-biocoagulante/biofloculante.

Las biopurificaciones naturales del agua con biocoagulantes/biofloculantes son preferibles a la **aplicación de polímeros sintéticos y coagulantes/floculantes inorgánicos porque la presencia de monómeros residuales es indeseable dada su neurotoxicidad y sus fuertes propiedades carcinógenas**; como es bien sabido, las sales de aluminio son el coagulante inorgánico más utilizado en el tratamiento de las aguas naturales y de las aguas residuales en el mundo. El sulfato de aluminio (alumbre), un coagulante común utilizado a nivel mundial en el tratamiento de aguas naturales y de aguas residuales, puede lograr una eliminación microbiana del 90 al 99% en condiciones óptimas; sin embargo, el alumbre produce grandes volúmenes de lodos y reacciona con aguas alcalinas lo que lleva a una reducción del pH y muestra una baja eficiencia de coagulación en aguas con bajas temperaturas; además, el alumbre ha suscitado una serie de preocupaciones, entre ellas: 1. Impactos ecotoxicológicos cuando se introducen en el medio ambiente como lodos después del tratamiento; 2. Impactos en la salud humana como resultado del consumo del agua tratada;

LA FUENTE DE LA BIOPURIFICACIÓN NATURAL DE AGUA

Fig. 2A.1: *Opuntia ficus-indica* flor.

Fig. 2A.2: Cladodio con tunas.

Fig. 2A.3: Flor y tuna o higo de pala.

Fig. 2A.4: *Opuntia ficus-indica*
"El Árbol de la Vida y El Oro Verde"

y 3. El costo de importar estos productos químicos para las comunidades en desarrollo[10].

El uso de la biopurificación natural del agua con biocoagulantes y biofloculantes no es una tecnología nueva, por ejemplo hay escritos sánscritos de la India que reportan que las semillas de *Moringa oleifera* fueron utilizadas para clarificar aguas superficiales turbias hace más de 4000 años, lo que indica que este árbol fue el primer biocoagulante vegetal reportado que fue utilizado para el tratamiento del agua[5]. En cuanto a las aplicaciones especiales, se sabe que los agricultores de Chile y de algunos otros países utilizan el mucílago de cactus para clarificar el agua y obtener agua potable; al igual que otros polímeros solubles en agua, el mucílago se une a las partículas sedimentarias y las precipita clarificando la solución acuosa[8].

UN GRAN BIOPURIFICADOR NATURAL DE AGUA

La biopurificación natural del agua con biocoagulantes/biofloculantes procedentes de plantas locales son los productos más convenientes, principalmente para la obtención de biopurificadores naturales caseros del agua, siendo particularmente útiles en poblaciones donde las personas no disponen de sistemas públicos de purificación de agua.

La biopurificación natural del agua con biocoagulantes/biofloculantes, como *Opuntia* spp. y *Moringa oleifera*, pueden formar parte de un enfoque apropiado para el tratamiento del agua a nivel hogareño; esta tecnología se basa en materiales y mano de obra local, recursos renovables y materiales de origen vegetal que se encuentran dentro de la categoría de la alimentación local y también además de ser relativamente barata de obtener puede contribuir a avanzar en la meta de tecnologías para el tratamiento de aguas residuales de manera sostenible; *Opuntia* spp. es una planta con un gran poder de biopurificación natural del agua y es una planta ideal porque puede crecer en regiones áridas y con escasez de agua donde *Moringa oleifera* no lo puede hacer[7].

La chumbera o "El Árbol de la Vida y El Oro Verde" es una planta que tolera suelos, temperaturas y niveles de humedad variados. La purificación del agua o la reducción de la turbidez por *Opuntia* spp. es tan eficaz como el uso de *Moringa oleifera*. *Opuntia* spp. es una buena fuente de materia prima para la biopurificación natural del agua, principalmente *Opuntia ficus-indica* que es la especie de cactus más cultivada en el mundo.

El higo de pala es una planta, como ya se dijo en el capítulo anterior, que pertenece al género *Opuntia* de la familia de los cactáceos que son endémicas en América[2] y el nopal espinoso *Opuntia ficus-indica* está ampliamente distribuido en México, gran parte de América Latina, Sudáfrica y el área mediterránea y otras partes del mundo[4], es decir que está al alcance de muchos pueblos dispersos por el mundo.

El jugo o la savia de los cladodios o mucílago del cactus *Opuntia ficus-indica* que se puede obtener muy fácilmente, puede ser utilizado como un biocoagulante/biofloculante natural efectivo y ecológico; este biocoagulante/biofloculante además de ser fácil de obtener, es barato y sencillo de aplicar para el tratamiento tanto de las aguas naturales contaminadas como de las aguas residuales industriales para la obtención de agua potable. Se descubrió que el cactus produce un mucílago gomoso que se puede adherir a ciertos metales como el arsénico, el níquel y el cromo presentes en las muestras de agua; el mucílago de *Opuntia ficus-indica* es un fitocomponente prometedor en el campo de las tecnologías emergentes para la eliminación de metales y microbios[10].

Por otra parte, además de su utilidad para obtener agua potable, es una planta que tiene múltiples beneficios ya que el nopal *Opuntia ficus-indica* ha sido explotado comercialmente como cultivo frutal, hortícola, forrajero, energético, medicinal y productor de colorantes naturales en zonas áridas y semiáridas del mundo[3] y también ha sido una fuente de alimento para los pueblos de América del Norte y los orígenes de su uso se pierden en la mitología antigua[1].

FITOCOMPUESTOS HIDROCOLOIDALES

El género *Opuntia* (v.n. "Nopal" Cactaceae) se caracteriza por la producción de un hidrocoloide comúnmente conocido como mucílago que forma redes moleculares capaces de retener grandes cantidades de agua; la estructura del mucílago se compone de dos fracciones distintivas solubles en agua; una de ellas es una pectina con propiedades gelificantes que contiene calcio (Ca^{2+}), y la otra es un mucílago sin propiedades gelificantes[9]. Los cladodios del cactus están constituidos principalmente por heteropolisacáridos con un peso molecular de $2.3.10^4$ a 3.10^6 g/mol[5].

El mucílago es una sustancia gomosa producida en las células que se encuentran tanto en el clorénquima como en el parénquima; el mucílago es un fitocomponente que ayuda a los cactus a retener el agua; de acuerdo con investigaciones científicas realizadas, el mucílago de *Opuntia* spp. es una mezcla de polisacáridos ácidos y neutros que consisten principalmente en L-arabinosa, D-galactosa, L-ramnosa, D-xilosa y ácido galacturónico[5,7].

El análisis infrarrojo por transformada de Fourier ha revelado que la superficie seca de *Opuntia ficus-indica* contiene una variedad de grupos funcionales tales como carboxilo, hidroxilo, sulfato, fosfato, aldehído, grupos cetónicos, amina y grupos alquilos. Sobre estas bases, se puede inferir que este biomaterial puede dar buenos resultados en términos de reducción eficiente, biocoagulación/biofloculación y biosorción de contaminantes que se encuentran en las aguas residuales[8].

Los cladodios de *Opuntia ficus-indica* pueden ser utilizados como partes frescas de las plantas o como material seco en polvo para los tratamientos de biopurificación del agua. La biopurificación natural del agua con biocoagulantes/biofloculantes se considera inocuas para el medio ambiente debido a su biodegradabilidad, estabilidad y su bajo coste; se prevé que su uso fomentará la producción de lodos más biodegradables al final del proceso de la purificación del agua[8].

Biopurificación Casera de Agua: Obtención de Biofloculante en Mucílago[11]

- Tomar **1 kg** de cladodios de *Opuntia* spp.
- Cortar en pequeños trozos de 1x1 cm. utilizando un cuchillo de cocina para faciliar la extracción del mucílago en el proceso de hervor.
- Agregar **500 ml** de agua en un frasco de vidrio junto con los trozo de cactus.
- Hervir a **85°C durante 20 minutos** para inactivar las enzimas. La temperatura puede ser controlada mediante la aplicación de Baño-María.
- Dejar enfriar a temperatura ambiente.
- Filtrar la solución utilizando un colador.
- Ajustar a pH 7.0.

Biopurificación Casera de Agua: Obtención de Biofloculante en Polvo[5]

- Recolectar cladodios.
- Lavarlos repetidamente con agua para remover de la superficie el polvo y las partículas contaminantes.
- Secar los cladodios bajo el sol durante 3 horas.
- Cortar en pequeños trozos.
- Pulverizar los trozos utilizando un molino doméstico.
- Secar a 60°C durante 24 horas.
- Almacenar el bioagente en potes de vidrio para su utilización posterior.

BIOPURIFICACIÓN CASERA DEL AGUA

La biopurificación casera de agua o las preparaciones de biocoagulantes/biofloculantes **no requieren** técnicas especializadas ni herramientas especiales. Los pasos y métodos para obtener biopurificadores o biocoagulantes/biofloculantes líquido y en polvo a partir de los cladodios son fáciles y sencillos.

PROCEDIMIENTOS EXPERIMENTALES PARA BIOPURIFICAR AGUAS RESIDUALES

La eficiencia y el mecanismo del proceso de biocoagulación/biofloculación dependen de varios factores, siendo los más relevantes la turbidez inicial, el pH, la dosificación y el tipo de reactivos (coagulantes, adyuvantes), la hidrodinámica del sistema en las etapas de biocoagulación y biofloculación, la temperatura y la alcalinidad[11].

Procedimientos de los primeros pasos

- Después de cosechar cladodios frescos, el primer paso a dar, es quitar las espinas que revisten las palas.
- Los cladodios deben ser enjuagados con agua fresca.

El ajuste de los biofloculantes

Después de obtener los biocoagulantes/biofloculantes a partir del cactus para realizar la biopurificación del agua —líquido o en polvo— es importante encontrar la dosis óptima del biocoagulante/biofloculante como asimismo el mejor valor de pH para las aguas residuales con la finalidad de obtener la máxima eficiencia del biocoagulante/biofloculante del cactus.

1. **Variar el pH** de las aguas residuales con valores superiores a 7.0 hasta encontrar la mejor prueba de floculación. Para ello poner muestras de aguas residuales en botellas de vidrio, variar el pH de cada muestra con distintos valores de pH y hacer pruebas de floculación para determinar el mejor valor de pH.

Biopurificación casera de aguas residuales

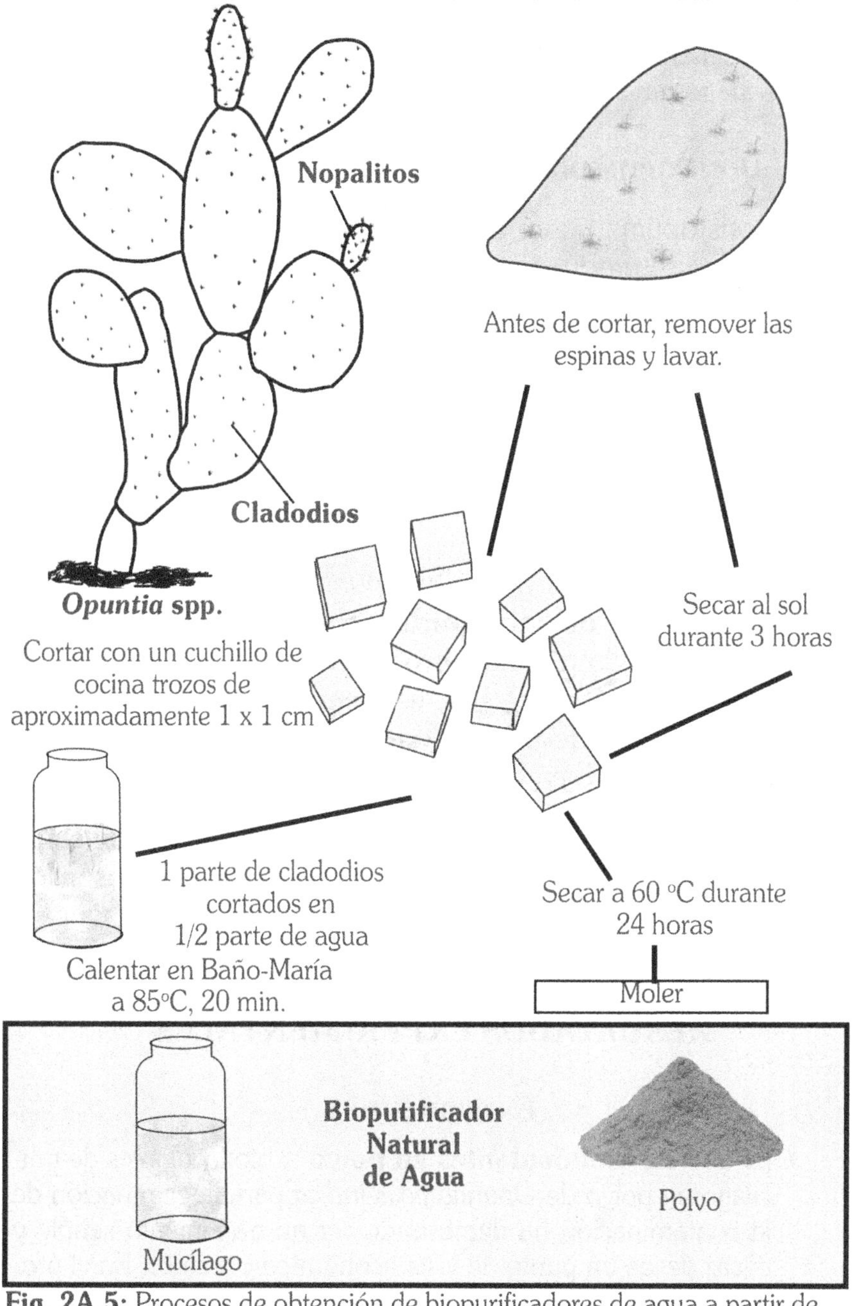

Fig. 2A.5: Procesos de obtención de biopurificadores de agua a partir de los cladodios de *Opuntia* spp.

2. **Variar la dosis de biocoagulante/biofloculante** entre 0.5 y 5% para determinar la dosis óptima a emplear del producto para obtener el mejor resultado de purificación del agua residual.
3. Finalmente **evaluar el mejor tiempo de floculación** para el agua residual a purificar.

Dosis óptima experimental del biofloculante

La dosis óptima de un biofloculante se define como el valor en el que no se produce un aumento significativo de la eficacia en la eliminación de la turbidez con el agregado adicional de floculante.

La dosis óptima del biopurificador de agua de *Opuntia* spp. **varía de 5 a 15 mg/L para agua de baja turbidez, 15-35 mg/L para agua de turbidez media y 35-55 mg/L para agua de alta turbidez**[7].

El biopurificador de agua de *Opuntia* spp. es efectivo con una **eliminación de la turbidez superior al 98 % a un pH 8-10**. Los hallazgos científicos han reportado que *Opuntia* spp. es más efectiva a pH 10 y es menos efectiva a pH 6[7]. El pH puede ser ajustado utilizando una solución de hidróxido de sodio (NaOH) o de bicarbonato.

A medida que el pH aumenta, el número de sitios con carga negativa aumenta con la consiguiente mejora de la biosorción de los cationes metálicos con carga positiva que se produce a través de las fuerzas de atracción electrostática[8].

RESULTADOS EXPERIMENTALES

Experimento 1

- **El uso de biofloculantes en polvo**[5]: biofloculantes de mucílago en polvo de *Opuntia ficus-indica* para la eliminación de la contaminación ha demostrado ser un tratamiento simple y eficaz desde un punto de vista económico y técnico. En el proceso de biofloculación de las aguas residuales industriales realizado en el campo, el resultado de la decoloración fue igual al

Hallar la dosis óptima para purificar el agua

- Llenar varios frascos de vidrio con 1 litro de muestra de agua.
- Tratar cada muestra con diferentes dosis (mg o ml por L) utilizando el producto casero de la fig.2A.5. Probar las dosis de 5, 10, 15, 20, etc. hasta lograr remover la turbidez y encontrar la mejor dosis para purificar el agua.
- Verificar y medir la turbidez del agua purificada utilizando el tubo Secchi.

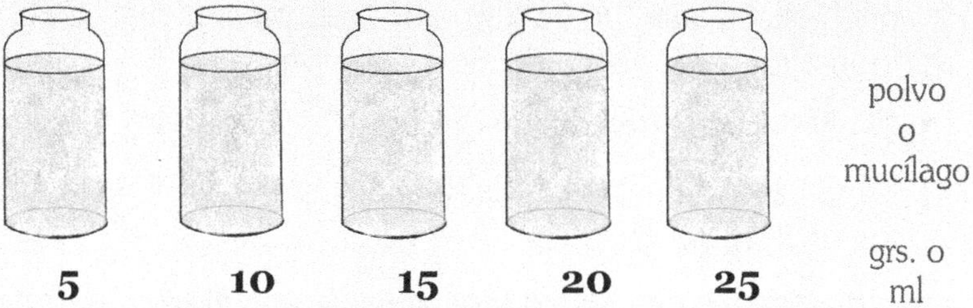

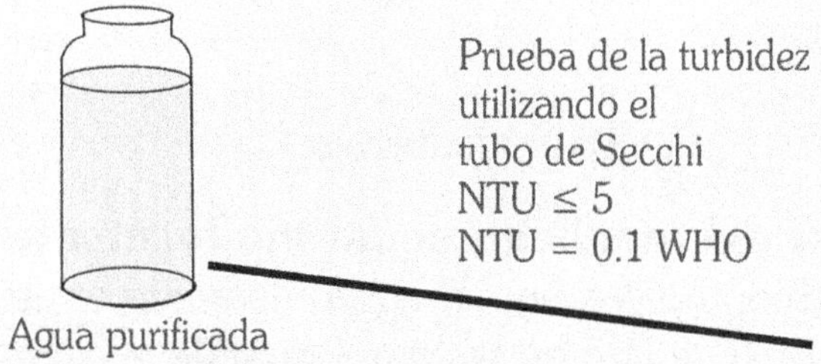

- Repitir el proceso hasta encontrar el mejor resultado. Utilizar los mejores resultados para evaluar el mejor valor de pH para el proceso de purificación del agua residual.

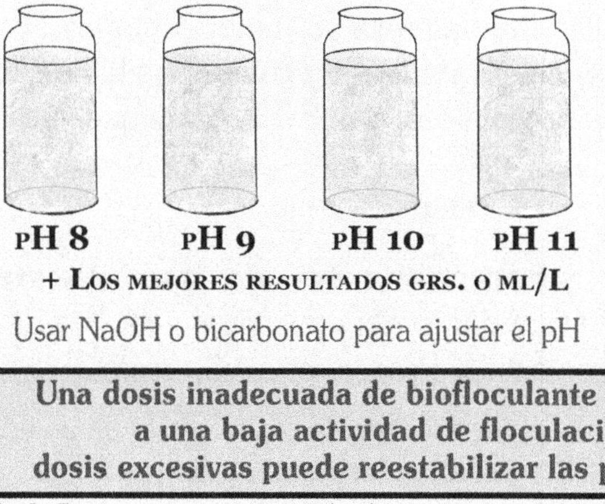

Una dosis inadecuada de biofloculante conducirá a una baja actividad de floculación; dosis excesivas puede reestabilizar las partículas.

Fig. 2A.6: Pasos para encontrar la dosis óptima del biopufificador.

99.89%, la eliminación de la demanda química de oxígeno de alrededor del 89.25% y la reducción de la turbidez por encima del 92.18% con un valor de deseabilidad general igual al 99,4%. En este experimento, el estudio comparativo con floculantes comerciales (EPENWATE EXP 31/1, Poliacrilamida A100PWG) mostró que el mucílago de *Opuntia ficus-indica* tenía un mejor rendimiento con los valores que se muestran a continuación.

- **Dosis de biofloculante de 40mg/L**. La dosis más efectiva del biofloculante fue de 40mg/L, dosis para la cual se observó un mayor rendimiento de biofloculación.
- El pH del agua tratada fue de 7.2.
- La velocidad de mezcla del biofloculante con el agua a tratar fue de 30rpm.
- El tiempo de mezcla del biofloculante con el agua a tratar fue de 11 minutos.

Experimento 2

Utilización del mucilago como biofloculante[6]: El experimento de biopurificación del agua mediante el uso de métodos biológicos se realizó en la comunidad de la cuenca del río Bengawan Solo River en Gresik Regency East Java Indonesia.

El mucílago purificó el agua eliminando el arsénico, contaminantes dañinos de los desechos industriales y provenientes de la agricultura; el mucílago también pudo matar bacterias que eran uno de los contaminantes dañinos en el agua potable del lugar y pudo producir agua potable con un 98% libre de bacterias.

Experimento 3

Eliminación de contaminantes de una muestra de agua residual: El tratamiento del agua puede ser realizado de forma individual o colectiva. Pasos y procedimientos[6]:

- Agregar la solución de mucílago de cactus obtenida en una concentración de 5% en una muestra de 25 ml y revolver.
- Dejar reposar aproximadamente 1 minuto.

- En 5 minutos el agua residual puede ser convertida en agua purificada.
- Verter el agua purificada en una botella utilizando un filtro de café para evitar que pasen las partículas floculadas en el fondo.

EFICIENCIA EN LA REMOCIÓN DE CONTAMINANTES DEL AGUA

El proceso y las técnicas de coagulación/floculación convencionales ofrecen ventajas y desventajas para el tratamiento de aguas residuales tanto industriales como municipales; entre las ventajas de los productos químicos que se utilizan, a pesar de ser menos sensibles a las cargas tóxicas son mas sensibles a mayores cantidades de productos orgánicos, son fáciles de operar y ahorran energía, entre otras propiedades; entre las desventajas de utilizarlos es que se han demostrado en numerosos estudios que los productos químicos, tales como las sales de aluminio, las acrilamidas y otros, utilizados en el proceso de coagulación/floculación permanecen en el agua tratada y pueden inducir problemas de salud[12].

En particular, los investigadores probaron la eficiencia de *Opuntia ficus-indica* tanto fresca como seca en sistemas de lotes y columnas para eliminar los pesticidas aldrina, dieldrina y dicloro-difenil-tricloroetano (DDT) y encontraron que el notable poder de adsorción de los pesticidas que posee *Opuntia ficus-indica* seca y fresca depende aparentemente del tamaño de las biopartículas y de los biomateriales adsorbentes que posee; substancialmente, las biopartículas de tamaño más pequeñas permite una excelente remoción de los pesticidas; por ejemplo, el DDT es eliminado en un rango de hasta el 99.2% con la presencia de biopartículas de diámetro menores a 0.25 mm, mientras que las biopartículas de 1.0-2.0 mm pueden eliminar hasta un 77.1% para este pesticida[8].

Según las conclusiones de investigaciones científicas realizadas, el mucílago de cactus es un biocoagulante/biofloculante eficaz de acuerdo con los resultados obtenidos en las pruebas con Dados-Cortados-Presados y el mucílago extractado del cactus, ambas pruebas mostraron una capacidad de adsorción casi similar para metales pesados, coliformes totales y coliformes fecales y el porcentaje de reducción de contaminantes de ambos tratamientos fue sumamente efectivo y no se observaron diferencias significativas en la eficacia entre los tratamientos; el cobre (Cu) y el cadmio (Cd) mostraron una biosorción del 100% al segundo día; el plomo (Pb), el niquel (Ni), el zinc (Zn) y el hierro (Fe) mostraron una mayor adsorción para el mucílago y los coliformes fecales que fueron completamente adsorbidos también en el segundo día; el protocolo de tratamiento de cactus en cubitos fue más eficiente, reproducible y fácil de usar; de acuerdo con los resultados de estas pruebas, el mucílago de *Opuntia ficus-indica* mostró ser un bioelemento prometedor en el campo de las tecnologías emergentes para la eliminación tanto de metales como de microbios[10].

Diversos estudios señalaron la importancia de utilizar el cactus como agente biocoagulante/biofloculante para la eliminación de turbidez, la demanda química de oxígeno y los metales pesados; en general, todos los estudios se concentraron en la preparación y optimización del biopolímero a base de cactus añadido, lo que puede afectar considerablemente a la eficiencia y el coste del proceso; la dosificación del biopolímero es uno de los parámetros más importantes que deben ser optimizados, pues, **una dosificación insuficiente o una sobredosificación daría lugar a un mal resultado del rendimiento del tratamiento**[15].

Sorprendentemente, el cactus es un producto natural abundante, rentable, seguro para la salud humana y biodegradable[12], que puede ser cultivado fácilmente en una gran variedad de áreas en el mundo.

DESHIDRATACIÓN DE LOS CLADODIOS

El polvo de las palas o cladodios deshidratados de *Opuntia* es un ingrediente funcional ampliamente utilizado en diferentes productos comercializados como alimentos, suplementos dietéticos nutracéuticos, productos cosméticos y biocoagulantes/biofloculantes en polvo para la biopurificación natural del agua.

Tradicionalmente, el polvo o la harina de nopal se obtiene secando directamente al sol los cladodios cortados en rodajas y dejados al aire libre durante varios días, luego se procede a la molienda de los cactus deshidratados y el tamizado de los mismos; los cactus son difíciles de secar debido a su alto contenido de mucílago[13]. La deshidratación industrial de los cladodios debe ser realizada en condiciones controladas y en el interior de instalaciones adecuadas. Las palas pueden ser deshidratadas usando tanto gas natural como combustible fósil como usando aire calentado con calefacción solar.

Actualmente, los sistemas de secado de cultivos solares se utilizan ampliamente en los países más soleados del mundo para deshidratar los cultivos, ello permite mejorar la calidad de los productos agrícolas y satisfacer la creciente demanda de alimentos naturales sanos a un coste asequible; la ventaja de los cladodios secados al sol es que conservan su color verde original en toda la matriz de los tallos secos; utilizando calefacción y ventilación solar para deshidratar los cladodios frescos de *Opuntia ficus-indica* se producen cladodios deshidratados verdes y polvo de nopal verde; utilizando un espacio soleado de 36 m^2 es posible secar 5 toneladas de cladodios frescos cortados en unas pocas horas[13].

Referencias

[1] Anderson, Edward F. 2001. The Cactus family. Timber Press. Portland, Oregon.

[2] López-Cervantes, Jaime et al. 2011. Functional properties and proximate composition of cactus pear cladodes flours. Ciênc. Tecnol. Aliment., Campinas, 31(3): 654-659.

[3] Gajender, R.K et al. 2013. Growth and fruit characteristics of edible cactus (*Opuntia ficus-indica*) under salt stress environment. Journal of Soil Salinity and Water Quality 5(2), 136-142.

[4] Kaur , Manpreet et al. 2012. Pharmacological actions of *Opuntia ficus indica:* A Review. Journal of Applied Pharmaceutical Science 02 (07): 15-1.

[5] Bouatay, F. and Mhenni, F. 2014. Use of the Cactus Cladodes Mucilage (Opuntia Ficus Indica) As an Eco-Friendly Flocculants: Process Development and Optimization using Stastical Analysis. Int. J. Environ. Res., 8(4):1295-1308.

[6] Reyshan. 2017. Installation of Water Purification and Using Cactus (*Opuntia cochenillifera*) As coagulant To Overcome The Clean Water Problem Around The River Community. Installation of Water Purification and Using. https://thebestscienceproject.com/making-installation-water-purification-miniature-using-cactus-opuntia-cochenillifera-coagulant-overcome-clean-water-problem-around-river-community/.

[7] Miller, Sarah M. et al. 2008. Toward Understanding the Efficacy and Mechanism of Opuntia spp. as a Natural Coagulant for Potential Application in Water Treatment. Environ. Sci. Technol, 42, 4274–4279.

[8] Barbera , M. and Gurnari, G. 2018. Wastewater Treatment and Reuse in the Food Industry, Chemistry of Foods. Chapter 4: Quality Standards for Recycled Water: *Opuntia ficus-indica* as Sorbent Material.

[9] Sepúlveda , E. et al. 2004. Extraction and characterization of mucilage in Opuntia spp. Environments Journal of Arid Environments 68; 534–545.

[10] Hassan, Sidra et al. 2017. Biosorption of heavy metals from sewage effluent using prickly pear cactus. J. Bio. Env. Sci. Vol. 10, No. 2, p. 16-24.

[11] Mounir , Belbahloul et al. 2014. Low Technology Water Treatment: Investigation of the Performance of Cactus Extracts as a Natural Flocculant for Flocculation of Local Clay Suspensions. International Journal of Engineering Research & Technology; Vol. 3 Issue 3.

[12] Rebah , F. Ben and Siddeeg, S.M. 2017. Cactus an eco-friendly material for wastewater treatment: A review. JMES, Volume 8, Issue 5, Page 1770-1782.

[13] Ciriminna, Rosaria et al. 2019. Solar air drying for innovative *Opuntia ficus-indica* cladode dehydration. 4open 2019, 2, 1.

[14] Mounir, Belbahloul et al. Comparison of the Efficacy of Two Bioflocculants in Water Treatment. International Journal of Scientific Engineering and TechnologyVolume No.3 Issue No.6, pp : 734-737.

[15] Rebah, F. Ben and Siddeeg, S.M. 2017. Cactus an eco-friendly material for wastewater treatment: A review. JMES, 8 (5), pp. 1770-1782.

2B

Panorama general de los recursos hídricos

Panorama general de los recursos hídricos

El agua es un elemento natural absolutamente esencial para la vida; sin el agua la vida no es posible. El agua es una sustancia vital y de gran importancia en todas las actividades naturales y antropogénicas. Miles de millones de personas carecen de acceso al agua potable y su saneamiento, más de un tercio de todas las muertes en los países en desarrollo están relacionadas con el agua, especialmente con el agua contaminada que es una de las principales causas de muerte y enfermedad en el mundo en desarrollo. La contaminación de las aguas residuales es uno de los problemas ambientales más importantes a nivel mundial y necesita encontrar soluciones efectivas para el tratamiento de las aguas residuales. El agua juega un papel esencial en nuestra salud, en la economía, en la producción de los alimentos y en el medio ambiente.

INTRODUCCIÓN

El agua es un elemento natural que es absolutamente esencial para la vida. Sin el agua nuestra vida y las formas de vida en la tierra como las conocemos no serían posibles. Una persona puede sobrevivir tres semanas sin comida, pero no puede sobrevivir más de tres días sin agua.

El agua es una sustancia vital y de gran importancia en todas las actividades naturales y antropogénicas y es bien sabido que el agua desempeña un papel esencial en nuestra salud, en la economía, en la producción de alimentos y en el medio ambiente; forma parte de los océanos, de los mares, de los ríos, de los lagos y del sostenimiento de los bosques, también forma parte de la identidad de los entornos y de los paisajes y es de primordial importancia para el desarrollo de los ecosistemas y de la vida humana[3].

Es un hecho que los cambios climáticos afectan la distribución espacial y temporal de las lluvias pudiendo causar déficit hídrico a los cultivos; cabe destacar también que el aumento de la población y la consecuente demanda de mayores cantidades de alimentos tienden a incrementar el consumo de los recursos hídricos[1].

Desafortunadamente, el 20% de la población mundial o más de 1.000 millones de personas carecen de acceso al agua potable; el 50% de la población mundial o más de 3.000 millones de personas carecen de acceso al saneamiento; más de un tercio de todas las muertes en los países en desarrollo están relacionadas con el agua; se estima que en todo el mundo mueren anualmente alrededor de 7 millones de personas a causa de enfermedades relacionadas con el agua; la mitad de los ríos y de los lagos del mundo están seriamente contaminados y el agua contaminada es una de las principales causas de muerte y de enfermedad en el mundo en desarrollo[5].

En el mundo hay muchas comunidades que no tienen acceso a los suministros públicos de agua, por ejemplo, las poblaciones que viven en comunidades y pueblos pequeños generalmente no tienen acceso a los suministros públicos de agua y obtienen su suministro de agua de fuentes desprotegidas como pozos abiertos excavados, arroyos y estanques que están contaminados y el tratamiento de la purificación del agua en estas áreas representa un serio problema[3].

En los últimos años, el aumento de las actividades industriales y agrícolas y el correlativo crecimiento de la población han conducido a la sobreexplotación de los recursos naturales; el incremento de la producción de aguas residuales ha dado lugar inevitablemente y paralelamente a un aumento de la generación de diversos tipos de contaminantes; una de las consecuencias de este rápido crecimiento son los desórdenes ambientales y la demanda de agua limpia y segura que ha aumentado enormemente en diferentes sectores; por estas razones, la contaminación con sustancias peligrosas de las aguas residuales es uno de los problemas ambientales más importantes a nivel mundial y esta problemática necesita encontrar soluciones efectivas ya que el agua juega un papel esencial en la salud humana, en la economía, en la producción de los alimentos y en el medio ambiente[4].

Por otra parte, existen varias fuentes de contaminación natural del agua dulce, tales como la contaminación de las aguas subterráneas con arsénico procedente de la lixiviación natural de los minerales que contienen arsénico que es un fenómeno ambiental que afecta a millones de personas en diferentes partes del mundo; según la recomendación de la Organización Mundial de la Salud (OMS), la concentración máxima de arsénico en el agua potable no debe exceder de 10 μg/L[10].

LOS RECURSOS HÍDRICOS EN EL MUNDO

Mientras que el 70 por ciento de la superficie de la tierra es agua, sólo el tres por ciento es agua dulce y gran parte de ese tres por ciento de agua dulce se encuentra inaccesible para el uso humano; cerca de tres cuartas partes de toda el agua dulce de la tierra está almacenada en los casquetes polares en forma de glaciares los cuales están localizados lejos de la mayoría de

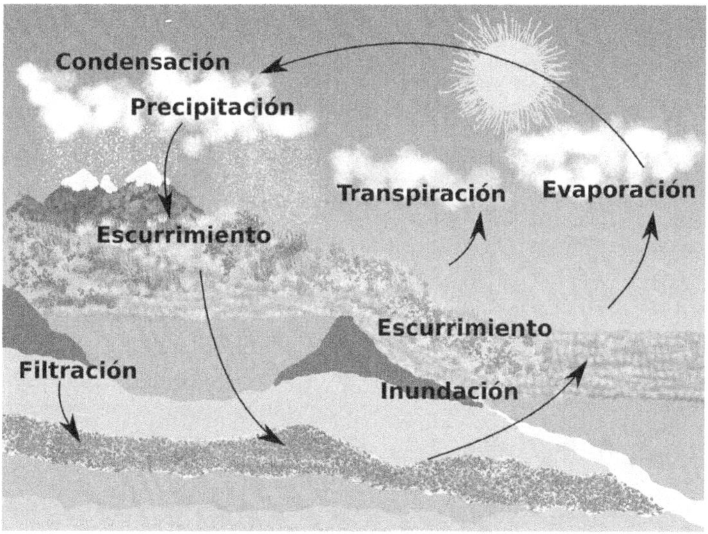

Fig. 2B.1: Ciclo hidrológico.

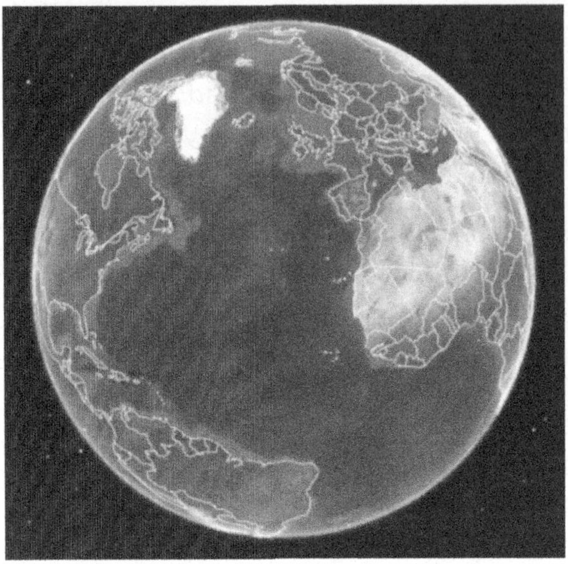

Fig. 2B.2: El setenta por ciento de la superficie de la tierra es agua, pero sólo el 3% es agua dulce y sólo alrededor del 0,01% del suministro total de agua del mundo se considera disponible para el uso humano de forma regular.

EXISTEN ALREDEDOR DE 1.1 BILLIÓN DE PERSONAS EN EL MUNDO QUE NO TIENEN ACCESO AL AGUA POTABLE[11].

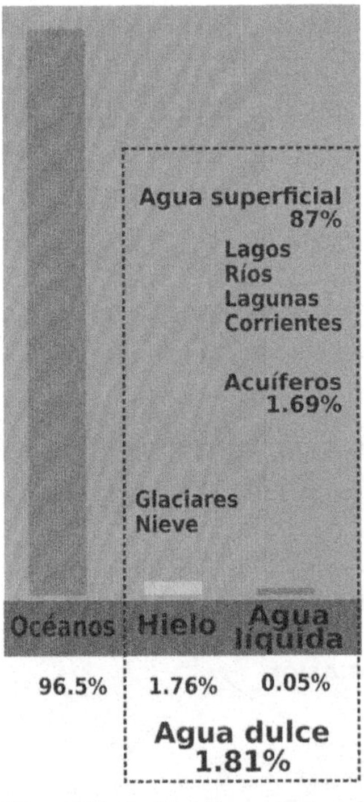

Fig. 2B.3: El acceso al agua potable varía según la geografía, la economía, la política y la cultura; sin embargo, la comunidad mundial está de acuerdo en que todos los ciudadanos de la Tierra merecen tener acceso al agua el recurso más esencial del planeta[11].

Fig. 2B.4: Distribución total del agua en la Tierra.
Fuente: https://en.wikipedia.org/wiki/Water_distribution_on_Earth

Fig. 2B.5: Las fuentes de agua pueden estar contaminadas de varias maneras, como por ejemplo por productos químicos, por productos agrícola y por heces humanas y de animales. Varias especies de plantas pueden ser utilizadas como un biocoagulante y desinfectante medioambiental amigable y efectivo para obtener agua limpia y segura.

las poblaciones humanas. En total, sólo alrededor del 0.01 por ciento del suministro total de agua del mundo se considera que está disponible para el uso humano de manera regular[8].

La cantidad de agua en la Tierra no cambia. La cantidad de agua no puede ser aumentada o disminuida. La cantidad de agua en la Tierra siempre es la misma.

El agua en la Tierra se mueve a través del ciclo hidrológico. **El agua dulce es un recurso renovable y su disponibilidad puede variar de un lugar a otro** como asimismo, **se encuentra distribuida de manera muy desigual en todo el planeta**. **Sólo un pequeño porcentaje del agua en la Tierra es apta para el consumo humano**. Con el aumento de la población y de las industrias también se produce un aumento de la demanda de agua dulce.

El ciclo del agua es el movimiento del agua a través de la Tierra, pero la mayor parte del agua dulce de la Tierra se encuentra almacenada; el agua dulce puede almacenarse durante días o semanas en un lago o durante miles de años en acuíferos subterráneos o en un casquete glaciar; por ejemplo, la Antártida contiene casi el 70% del agua dulce del mundo en forma de hielo y esa capa de hielo cubre grandes secciones del lecho rocoso o tierra firme de la Antártida[9].

TRATAMIENTOS Y PURIFICACIÓN DEL AGUA

Los tratamientos de agua potable típicamente incluyen procesos de coagulación, de sedimentación, de filtración y de desinfección. La coagulación es un paso crítico en los procesos del tratamiento del agua, no sólo porque elimina partículas, sino porque también elimina los microorganismos que a menudo se encuentran adheridos a las partículas. Es decir, al eliminar la turbidez, los coagulantes también tienen la acción potencial de eliminar patógenos y de mejorar significativamente la calidad del agua y, por consiguiente, la salud humana[2]. Después de la purificación, el agua debe quedar libre de microorganismos nocivos y de contaminantes orgánicos e inorgánicos.

La floculación es uno de los procesos de separación más importantes que se utilizan en el tratamiento de las aguas residuales portables, domésticas o industriales. Se han desarrollado y comercializado varios tipos de coagulantes/floculantes para la eliminación de parámetros y elementos medioambientales como lo son los sólidos en suspensión y disueltos que forman la turbidez, la demanda química de oxígeno, el color y el tinte por sedimentación[12].

PURIFICACIÓN DEL AGUA

Uno de los coagulantes inorgánicos para el tratamiento de aguas residuales son las sales de aluminio, que son 'baratas' y son los coagulantes más utilizados en el tratamiento de las aguas naturales y de las aguas residuales en todo el mundo, pero en lo que respecta en cuanto a la aplicación de polímeros sintéticos, la presencia de monómeros residuales no es deseable debido a su neurotoxicidad y a sus fuertes propiedades carcinógenas; **existen pruebas sólidas de que los coagulantes a base de aluminio están relacionados con el desarrollo de la enfermedad de Alzheimer en seres humanos**[7].

Por esta razón, los biopurificadores naturales de agua a base de plantas llamados biocoagulantes/biofloculantes surgen como una alternativa atractiva a los coagulantes/floculantes poliméricos; las aplicaciones de biocoagulantes/biofloculantes en el tratamiento de aguas residuales se han vuelto cada vez más esenciales debido a que son biodegradables, no presentan toxicidad y además están ampliamente disponibles a partir de recursos renovables, son amigables con el medio ambiente y tampoco tienen un impacto negativo en el medio ambiente[12].

Algunos biocoagulantes/biofloculantes a base de plantas para la purificación del agua podrían ser una buena solución para poblaciones en diferentes partes del mundo, especialmente los biocoagulantes/biofloculantes que son obtenidos a partir de plantas que pueden crecer en desiertos, en todo tipo de suelos y en diversas condiciones climáticas; además ese tipo de plantas muchas veces también pueden ser utilizadas para controlar la erosión del suelo sin descontar que alguna de esas plantas también pueden ser utilizadas al mismo tiempo como una buena fuente de alimento.

Como ya se mencionó en el capítulo anterior que trata sobre la biopurificación del agua, existen antecedentes de comunidades en el mundo, especialmente comunidades rurales, que han utilizado y utilizan biopurificadores naturales de agua que provienen mayoritariamente de plantas para obtener agua potable de manera efectiva, eficiente y segura.

Además de utilizar plantas que puedan ser cultivadas localmente, deben permitir obtener y aplicar el biocoagulante/biofloculante con la utilización de métodos caseros tal como es el caso de *Opuntia ficus-indica*. También es importante poder medir el nivel de contaminación y de clarificación del agua, es decir la turbidez del agua, utilizando métodos de medición accesibles y confiables, tales como lo es el uso del disco de Secchi.

MEDICIÓN DE LA TURBIDEZ DEL AGUA

La turbidez en el agua es una medida que permite conocer el grado de turbidez que es causada por partículas suspendidas o disueltas en el agua que dispersan la luz haciendo que el agua parezca turbia. La materia en forma de partículas puede incluir sedimentos, especialmente arcilla y limo, materia orgánica fina e inorgánica, compuestos orgánicos solubles de color, algas y otros organismos microscópicos[13].

La turbidez es un parámetro importante de la calidad del agua en el suministro y tratamiento del agua potable y es un indicador clave para evaluar la potabilidad del agua para el consumo humano[14]. La unidad de medida se denomina Unidad de Turbidez Nefelométrica (NTU); cuanto mayor es la dispersión de la luz, mayor es la turbidez[13].

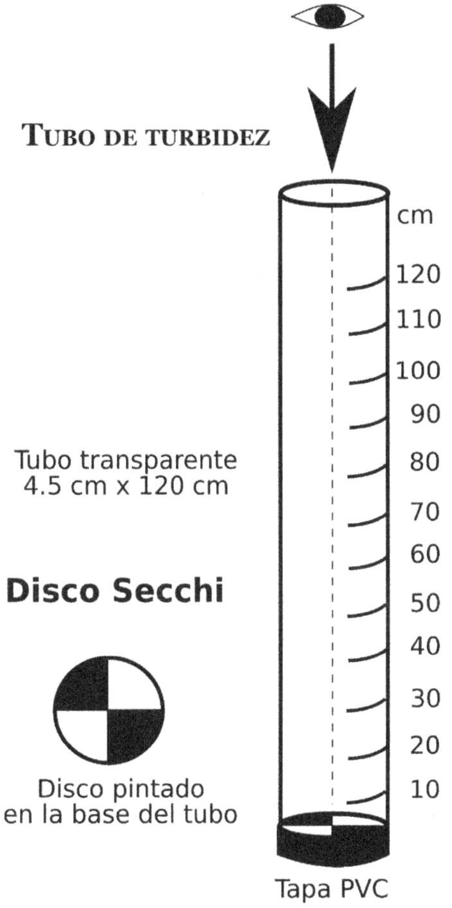

Tabla de Conversión de Longitud a Turbidez

cm	NTU
6.7	240
7.3	200
8.9	150
11.5	100
17.9	50
20.4	40
25.5	30
33.1	21
35.6	19
38.2	17
40.7	15
43.3	14
45.8	13
48.3	12
59.9	11
53.4	10
85.4	5

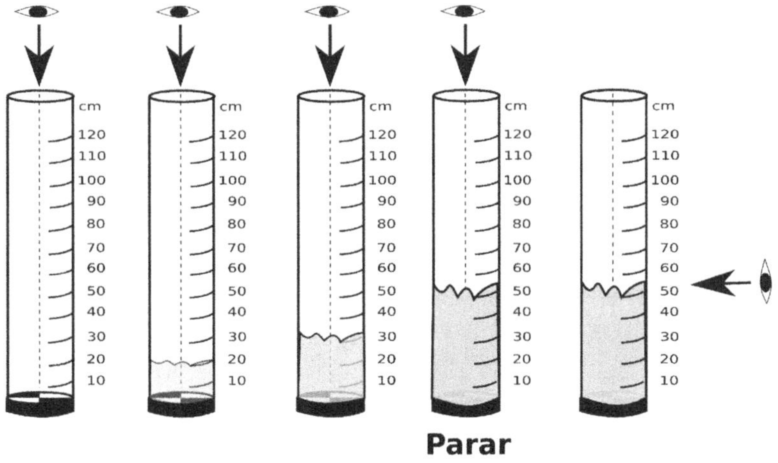

Fig. 2B.6: Medición de la turbidez con el disco Secchi.

Hay varios métodos disponibles para determinar la turbidez en el agua. El turbidímetro (nefelómetro) y el Disco de Secchi[14] son los instrumentos más utilizados para medir la turbidez.

- **Turbidímetro (Nefelómetro)**, es extremadamente preciso y puede medir una turbidez muy baja. Tiene un haz de luz que pasa a través de la muestra de agua. Es costoso y puede ser dañado fácilmente. Requiere una fuente de alimentación y una calibración. Actualmente es posible comprar un turbidímetro portátil en Internet a un precio razonable.
- **Disco de Secchi**[14], es un instrumento portátil de bajo costo, fácil de utilizar y de construir. Es menos preciso y no puede ser utilizado en aguas poco profundas o corrientes rápidas como tampoco puede ser utilizado para medir la turbidez de muestras de agua pequeñas.

El agua potable debe tener una turbidez menor o igual a 5 NTU[14]. La Organización Mundial de la Salud recomienda un valor medio ideal de turbidez de menos de 0.1 NTU (OMS, 2004).

EL DISCO SECCHI

El disco Secchi fue inventado en 1865 por Angelo Secchi, es un disco circular de 30 cm de diámetro, de color blanco liso, utilizado para medir la transparencia del agua o la turbidez en cuerpos de agua. El disco se monta en un poste o línea y se baja lentamente en el agua. La profundidad a la que el disco ya no es visible se toma como medida de la transparencia del agua. Esta medida se conoce como la profundidad Secchi y está relacionada con la turbidez del agua. Desde su invención, el disco también ha sido utilizado en un diseño modificado, más pequeño, de 20 cm de diámetro, en blanco y negro para medir la transparencia del agua dulce; el disco original de Secchi que era un disco blanco liso y fue utilizado en el Mar Mediterráneo[15]. Actualmente se utiliza el disco Secchi modificado en blanco y negro para medir la turbidez del agua; las lecturas de la profundidad Secchi dependen de las condiciones de iluminación y son difíciles de medir en sistemas de poca profundidad[16].

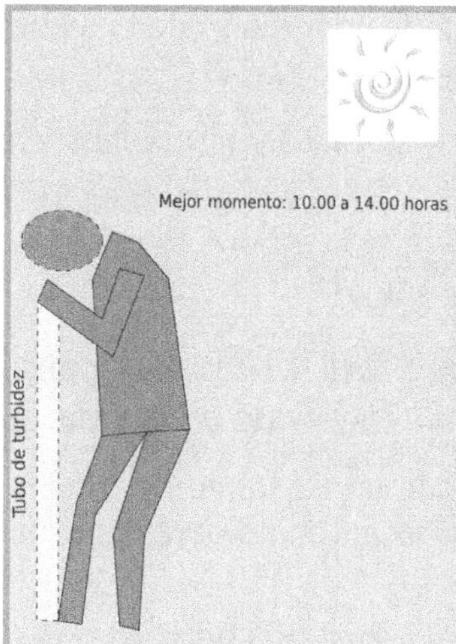

El tubo de turbidez utiliza la correlación entre visibilidad y turbidez para aproximarse a un nivel de turbidez[14]:

- Utilizar un balde u otro recipiente limpio para recoger las muestras de agua.
- Las mediciones deben ser realizadas con la luz del día, pero no con la luz directa del sol. Proyectar una sombra sobre el tubo colocándose entre el sol y el tubo.
- No tulizar gafas de sol para realizar la lectura del tubo.
- Siempre que sea posible, trabajar con un ayudante que ayude a verificar las mediciones y la visibilidad del disco.
- Colocar la cabeza de 10 a 20 centímetros directamente sobre el tubo para poder ver el disco mientras se vierte la muestra en el tubo.

Fig. 2B.7: Procedimientos y el mejor momento para medir la turbidez.

Procedimientos para medir la turbidez

- Tomar una muestra de agua de la fuente de agua a evaluar.
- Sostener el tubo con una mano cerca de la parte inferior y mirar en el extremo abierto colocando la cabeza a unos 10 a 20 centímetros por encima del tubo y que se pueda ver claramente el disco Secchi.
- **Agregar muestras de agua de manera incremental**. Verter lentamente la muestra de agua en el tubo —esperar que las burbujas de aire suban cuando sea necesario— hasta que la marca en el fondo del tubo desaparezca.
- **Detener el agregado de la muestra de agua**. Dejar de verter la muestra de agua en el tubo y observar el nivel de agua en el tubo. Para los tubos de turbidez que tienen una escala de turbidez marcada en el lateral, leer el número en la línea más cercana al nivel del agua. Ese es el valor de turbidez del agua.

- **Leer el valor NTU**. Utilizar la tabla de conversión de longitud a turbidez para determinar el nivel o valor de NTU (Fig 2B.6).
- **Profundidad en Centímetros** = 244.13 *(Turbiditez en NTU)$^{-0.662}$

Tubo de turbidez casero[14]

Construir un tubo de turbidez es muy fácil y se puede construir con materiales disponibles en casa y fáciles de conseguir.

- Conseguir un tubo de luz fluorescente transparente de 1.30 m o mayor que 0.85 m o un tubo de policarbonato para construir el tubo de turbidez.
- Para hacer el disco secchi, utilizar una jarra de plástico blanco opaco: cortar un círculo que quepa en el fondo del tubo transparente y pintarlo con un rotulador permanente negro.
- Pegar el disco en el tapón de goma e introducirlo en la parte inferior del tubo transparente.
- Colocar una cinta métrica en el tubo y dibujar una pequeña marca en forma de línea con el valor NTU en el tubo de acuerdo con la tabla de conversión de longitud a turbidez (Fig. 2B.6).
- Recortar la parte superior del tubo a unos 5 centímetros por encima de la marca de 5 NTU.

Referencias

[1] Luciano de Souza Ferraz, Rener et al. 2017. *Opuntia ficus-indica* (L.) Mill. (Cactaceae) in Climate Change Scenarios and Its Potential for Wastewater Bioremediationin Semi-Arid Regions: A Systematic Review and Meta-Analysis. JEAI, 18(3): 1-11; Article no.JEAI.36730.

[2] Miller, Sarah M. et al. 2008. Toward Understanding the Efficacy and Mechanism of *Opuntia* spp. as a Natural Coagulant for Potential Application in Water Treatment. Environ. Sci. Technol, 42, 4274–4279.

[3] Jayalakshmi , G. et al. 2017. A Review on Native Plant Based Coagulants for Water Purification. International Journal of Applied Environmental Sciences; Volume 12, Number 3 (2017), pp. 469-487.

[4] Barbera , M. and Gurnari, G. 2018. Wastewater Treatment and Reuse in the Food Industry, Chemistry of Foods. Chapter 4: Quality Standards for Recycled Water: *Opuntia ficus-indica* as Sorbent Material.

[5] Lalzad. 2007. An Overview of the Global Water Problems and Solutions. London.

[6] Deshmukh1, Saurabh O. and Hedaoo M. N. 2018. Wastewater Treatment using Bio-Coagulant as Cactus *Opuntia Ficus Indica* – A Review. IJSRD; Vol. 6, Issue 10, 179.

[7] Vijayaraghavan , G. et al. 2011. Application of plant based coagulants for waste water treatment. IJAERS; Vol., Issue, October-December, 2011, 88-92.

[8] Hinrichsen, Don and Tacio, Henrylito. The Coming Freshwater Crisis is Already Here. Population and Water.

[9] Oxford bid ideas geography. Water in the world.

[10] Fox, Dawn I. et al. 2012. Removing Heavy Metals in Water: The Interaction of Cactus Mucilage and Arsenate (As (V)). Environ. Sci. Technol. 2012, 46, 4553–4559.

[11] Young, Kevin Andrew. 2006. The Mucilage of Opuntia Ficus Indica: A Natural, Sustainable, and Viable Water Treatment Technology for Use in Rural Mexico for Reducing Turbidity and Arsenic Contamination in Drinking Water. Kevin Andrew Young.

[12] Lee, Chai Siah et al. 2014. A review on development and application of plant- based bio-flocculants and grafted bio-flocculants. Industrial & Engineering Chemistry Research.

[13] Minesota Pollution Control Agency. 2008. Turbidity: Description, Impact on Water Quality, Sources, Measures - A General Overview. www.pca.state.mn.us.

[14] Myre, Elizabeth & Shaw, Ryan. 2006. The Turbidity Tube: Simple and Accurate Measurement of Turbidity in the Field.

[15] Wikipedia. Secchi disk. https://en.wikipedia.org/wiki/Secchi_disk.

[16] Borok, Aron. 2014. Water Quality Standards. Turbidity Technical Review. State of Oregon. DEQ.

Capítulo 3

PROPIEDADES NUTRICIONALES Y EL PROCESAMIENTO DE LOS ALIMENTOS DE “EL ÁRBOL DE LA VIDA Y EL ORO VERDE”

Propiedades nutricionales y procesamiento de los alimentos de "El Árbol de la Vida y El Oro Verde"

El nopal o "El Árbol de la Vida y El Oro Verde" es comestible en su totalidad. Cada parte del árbol tiene propiedades con altos valores nutricionales y es considerado un alimento funcional o un 'super alimento'. Los nopales o cladodios y los frutos llamados tuna o higo de pala forman parte de la dieta humana y también se utilizan como forraje. El nopal es parte de la nutrición tradicional de la dieta mexicana y fue utilizado en la alimentación humana desde hace por lo menos 9000 años.

INTRODUCCIÓN A LAS PROPIEDADES NUTRICIONALES DEL NOPAL

Opuntia spp. "El Árbol de la Vida y El Oro Verde" —un eficaz eco-amigable biopurificador natural del agua— ha sido utilizado como alimento humano desde hace al menos 9000 años o incluso hace 12000 años; la tuna y los cladodios tienen un alto valor nutricional, principalmente debido a sus compuestos minerales, proteínicos, de fibra dietética y fitoquímicos; además, es bien sabido que por su alto contenido y buena calidad de fibras dietéticas los cladodios de *Opuntia* spp. pueden ayudar a reducir el peso corporal al unirse la fibra dietética a la grasa dietética y a aumentar su excreción[1]. Las cactáceas han sido consideradas durante mucho tiempo y en muchos lugares una fuente importante de nutrición como asimismo son consideradas el *pan de los pobres en América Latina*[2].

Por otra parte, el nopal demostró poseer un mayor contenido de calcio (Ca^{2+}) que otras hortalizas que se incluyen en la dieta; el calcio es considerado un componente mineral importante para el metabolismo óseo; también el nopal es una fuente importante de diversos elementos nutricionales tales como la pectina y el mucílago además de los minerales[3], de las vitaminas y de una cantidad de fitoquímicos.

Opuntia spp. reveló poseer un alto contenido de agua de alrededor del 90%, una alta digestibilidad in vitro de alrededor del 75% y un alto contenido de vitamina A; también se encontró que posee 29 μg de carotenoides y 13 mg de ácido ascórbico por cada 100 g de cladodios, 67% de materia orgánica, 2.61 Mcal.kg de energía, 4.3% de fibra cruda, 0.08 - 0.18% de fósforo, 4.2% de calcio, 2.3% de potasio y 1.4% magnesio aunque un bajo contenido de alrededor del 5% de proteínas; los valores de los compuestos orgánicos se expresaron en peso fresco y los valores de composición mineral en peso seco[2].

Según M.I. Hernández-Urbiola et al., la fibra alimenticia en la composición de la ceniza mineral en el nopal aumentó de 40 días a 135 días[3]. Los resultados para el contenido de calcio en el nopal en polvo aumentó en función de la madurez, lo que indica que el contenido de este mineral aumenta con la edad del nopal, los valores variaron de 17.4 mg/g de peso seco a los 40 días a 34.4 mg/g a los 135 días mostrando un aumento del 97%; por lo cual, la acumulación de calcio muestra que tiene una relación positiva con el tiempo de madurez[4].

Estudios realizados sobre la composición nutricional de *Opuntia ficus-indica* (L.) revelaron que la composición de nutrientes va-

Valores Nutricionales de los Cladodios, Crudos			
Nutriente	**Unidad**	**Valor/100g**	**%DV**
Agua	g	94.12	
Energía	Kcal	16	0.8
Proteínas	g	1.32	2.64
Lípidos totales (grasa)	g	0.09	0.14
Carbohidrato, por diferencia	g	3.33	1.2
Fibra, total dietética	g	2.2	7.86
Azúcares, total	g	1.15	
Minerales			
Calcio, Ca	mg	164	12.62
Hierro, Fe	mg	0.59	3.28
Magnesio, Mg	mg	52	12.38
Fósforo, P	mg	16	
Potasio, K	mg	257	7.34
Sodio, Na	mg	21	0.86
Zinc, Zc	mg	0.25	1.28
Vitaminas			
Vitamina C, total ácido ascórbico	mg	9.3	10.33
Tiamina	mg	0.012	1.2
Riboflavina	mg	0.041	3.15
Niacina	mg	0.41	2.56
Vitamina B_6	mg	0.070	4.12
Folato, DFE	ug	3	0.75
Vitamin A, RAE	ug	23	2.56
Vitamina A, IU	IU	457	
Vitamina K, filloquinona	ug	5.3	4.42
Lípidos			
Ácidos grasos, total saturados	g	0.016	0.08
Ácidos grasos, total monoinsaturados	g	0.018	
Ácidos grasos, total poliinsaturados	g	0.050	

Tabla 3.1: Valores nutricionales de los cladodios. %DV (% Valor Diario) basado sobre 2000 Kcal.

Fuente: USDA Database. https://ndb.nal.usda.gov/ndb/foods/

Valores Nutricionales de la Tuna (Fruto), Crudo			
Nutriente	**Unidad**	**Valor/100g**	**%DV**
Agua	g	87.55	
Energía	Kcal	41	2.05
Proteínas	g	0.73	1.46
Lípidos totales (grasa)	g	0.51	0.65
Carbohidrato, por diferencia	g	9.57	3.48
Fibra, total dietética	g	3.6	12.86
Azúcares, total	g	--	
Minerales			
Calcio, Ca	mg	56	4.31
Hierro, Fe	mg	0.30	1.67
Magnesio, Mg	mg	85	20.24
Fósforo, P	mg	24	1.92
Potasio, K	mg	220	4.68
Sodio, Na	mg	5	0.22
Zinc, Zc	mg	0.12	1.09
Vitaminas			
Vitamina C, total ácido ascórbico	mg	14	15.56
Tiamina	mg	0.014	1.17
Riboflavina	mg	0.06	4.62
Niacina	mg	0.46	2.88
Vitamina B_6	mg	0.060	3.53
Folato, DFE	ug	6	1.5
Vitamina A, RAE	ug	2	0.22
Vitamina A, IU	IU	43	
Vitamina K, philloquinone	ug	--	
Lipids			
Ácidos grasos, total saturados	g	0.067	0.34
Ácidos grasos, total monoinsatirados	g	0.075	
Ácidos grasos, total poliinsaturados	g	0.213	

Tabla 3.2: Valores nutricionales de la tuna, fruto. %DV (% Valor Diario) basado sobre 2000 Kcal.

Fuente: USDA Database. https://ndb.nal.usda.gov/ndb/foods/

Perfil de los esteroles y de las vitaminas liposolubles (g/kg) del aceite de semillas y de la pulpa de *Opuntia ficus-indica* L.[19]		
Compuestos	**Aceite de semillas**	**Aceite de la pulpa**
Esteroles (g/kg)		
Colesterol	ND	ND
Ergosterol	ND	ND
Campesterol	1.66	8.74
Stigmasterol	0.30	0.73
Lanosterol	0.28	0.76
β-Sitosterol	6.75	11.20
Δ-5-Avenasterol	0.29	1.43
Δ-7-Avenasterol	0.05	ND
Vitaminas liposolubles (mg/kg)		
α-Tocopherol	56	849
β-Tocopherol	12	126
γ-Tocopherol	330	79
δ-Tocopherol	5	4220
Total vitamina E	403	5274
β-Caroteno	47	420
Vitamina K_1	525	532

Tabla 3.3: Esteroles y compuestos liposolubles presentes en *Opuntia ficus-indica*. **ND**: No Data.

ría con respecto a la edad, el manejo de poscosecha y la estación climática[11].

Composición y valor nutricional de los frutos

Los frutos de *Opuntia* spp. contienen altas concentraciones de aminoácidos, especialmente prolina y taurina, así como son ricos en minerales tales como el magnesio(Mg), el calcio (Ca), el hierro (Fe), el potasio (K), el sodio (Na) y el fósforo (P)[10].

Independientemente del origen o de la variedad de la planta, los frutos son un buen reservorio natural de minerales tales como el magnesio, el calcio y el potasio y de componentes antioxidantes tales como la vitamina C por lo que pueden ser utilizados como excelentes suplementos alimenticios[9]. La tuna o higo de pala posee valores de calcio de hasta 59 mg/100 g y de magnesio de hasta 98.4 mg/100 g[11]. El jugo de frutas contiene por cada 100 gramos de fruta fresca una cantidad de vitaminas liposolubles, tales como 17.54 μg de β-caroteno y 125 μg de vitamina E que representan el 1.9% a 2,5% y el 0.83% de la ingesta diaira alimentaria recomendada, respectivamente; también contiene cantidades apreciables de vitaminas B_1 y B_6 que representan aproximadamente el 29% y el 42% de la ingesta alimentaria diaria recomendada, respectivamente; además cubre el 73% de vitamina B_2 y más del 100% de niacina correspondiente a los valores de la ingesta diaria alimentaria recomendada[14].

Con respecto a la composición del 77.2% de hidratos de carbono, se confirmó por el análisis de rotación óptica que la tuna está compuesta por el 57.1% de glucosa y el 42,9% de fructosa; estos resultados indican que la fruta de cactus puede ser utilizada como materia prima para la fabricación de edulcorantes naturales; otros estudios deberían investigar el uso de los componentes de hidratos de carbono de la tuna para reemplazar a la sacarosa y otros edulcorantes que se utilizan en diferentes productos alimenticios[20].

Basados en la baja acidez, el alto contenido de azúcares y el atractivo color estable que poseen los frutos de *Opuntia*, estos pueden ser muy adecuados para ser utilizados como aditivo natural o material sustitutivo en la producción de muchos productos alimenticios[5], tales como sustitutos de edulcorantes y de colorantes de alimentos.

Composición y valor nutricional de los cladodios

El valor nutritivo de los cladodios se debe principalmente a algunos de sus componentes fitoquímicos tales como el ácido ascórbico, la vitamina E, los carotenoides, las fibras dietéticas y los aminoácidos además de ser rico en componentes antioxidantes tales como los fitocompuestos fenólicos, flavonoides, taninos, betaxantina y betacianina[12] cuyas propiedades son consideradas en el siguiente capítulo de este libro.

Composición y valor nutricional del mucílago

El mucílago es un componente heteropolisacárido que tiene la capacidad de absorber agua; es una fuente rica en carbohidratos y minerales y tiene un buen potencial para ser utilizado como suplemento nutricional; el mucílago está compuesto principalmente de los monosacáridos galactosa, manosa y xilosa y de otros azúcares complejos que le confieren una alta capacidad para retener agua de manera similar a las pectinas, a las gomas y a algunos polisacáridos de algas; el mucílago es una excelente fuente de minerales importantes tales como el calcio, el fósforo, el magnesio, el hierro, el potasio, el zinc y el cobre; el calcio es el mineral más abundante en el mucílago y concuerda con otros estudios realizados en la composición mineral del cactus; por ejemplo, *Opuntia ficus-indica* demostró ser una mejor fuente de calcio que las espinacas, la soja y los granos, lo que sugiere que *Opuntia* spp. puede tener acciones potenciales en la prevención y el tratamiento de enfermedades tales como la osteoporosis[23].

Los cladodios deshidratados y molidos en polvo son una fuente de fibra dietética que puede ser utilizada como ingrediente natural en diferentes alimentos para mejorar sus propiedades físico-químicas[8].

"EL ÁRBOL DE LA VIDA Y EL ORO VERDE" COMO FUENTE DE ALIMENTOS

En general, el nopal es un alimento tradicional de la dieta mexicana —el consumo anual per cápita fue de 6.4 kg en 2015— y se consume a menudo como una hortaliza en ensaladas, en escabeches, como jugos, salsas, mermeladas y como complemento en diferentes platos de la gastronomía mexicana; el nopal deshidratado y molido es también un ingrediente en la industria alimenticia para la elaboración de tortillas, snacks, panes y chips de tortilla, entre otros alimentos[6].

Las tunas usualmente se suelen consumir frescas, pero también se pueden comer después de la desecación al sol, en mermeladas o como agente colorante de alimentos, en cambio, los "nopales" se consumen en diferentes regiones mexicanas como constituyentes de ensaladas y de otras comidas[13].

Las frutas de *Opuntia* pueden ser consumidas crudas o pueden ser deshidratadas, congeladas, enlatadas, utilizadas para hacer dulces, mermeladas, purés, aderezos para ensaladas, jarabes, salsas, tartas, y bebidas saludables; las tunas a menudo se utilizan en batidos y licuados mezclados con plátanos, arándanos, bayas de açaí o granadas; a veces, también es utilizada para preparar una bebida exótica tipo cóctel a partir de la pulpa; los excedentes de las tunas suelen ser secados para hacer bocadillos o para adornar postres[17].

La planta de *Opuntia* spp. también es la fuente de una variedad de alimentos agrícolas y se encuentra presente en más de 50 productos tales como mermeladas, jugos, néctares, dulces, pulpas congeladas, bebidas alcohólicas, escabeches, salsas, champús, jabones y lociones[25].

Tanto los cladodios como las frutas del cactus pueden ser consumidos como hortalizas y frutas frescas, añadidos a guisos, cocinados, enlatados o utilizados en ensaladas, jarabes, bebidas alcohólicas, zumos de frutas y en la producción de quesos; también el zumo obtenido a partir de la pulpa colada es una buena fuente de edulcorantes y de colorantes naturales[19].

Algunas opciones que ofrecen valor agregado a los cladodios son su uso para la producción de harinas, sopas, mermeladas, hojas deshidratadas y postres; recientemente, los cladodios desecados han sido propuestos para la producción de harinas como una alternativa nutricional viable[9].

También, el uso de varias combinaciones de betaxantinas amarillas y betacianinas rojo-púrpura puede contribuir al desarrollo de productos alimenticios sin colorantes artificiales; como colorante orgánico se incorporó en el yogur y en bebidas refrescantes para probar la aceptación de los consumidores; los resultados indicaron que los cultivares de *Opuntia* estudiados pueden ser utilizados como colorantes de grado alimenticio sustituyendo a los colorantes sintéticos; también las betalaínas pueden ser utilizadas en alimentos de baja acidez sin afectar el color[17].

La atracción de los consumidores, especialmente de los niños, por los alimentos de color rojo tales como los productos lácteos, los zumos, los helados, las mermeladas, los dulces, etc, presenta la oportunidad no sólo de utilizar un colorante natural y bioactivo para reemplazar los colorantes sintéticos, sino también de aumentar el uso de zonas áridas y semiáridas para cultivar *Opuntia* y, por consiguiente, mejorar la calidad de vida de los habitantes con bajos ingresos en esas zonas; las betalaínas podrían ser utilizadas como ingredientes funcionales en la industria alimentaria, especialmente en la industria lechera y de las bebidas no alcohólicas[18], sin descartar su uso en la implementación de comidas preparadas en casa.

El mucílago de los cladodios podría ser utilizado para mejorar la textura de muchos productos alimenticios[23] y los polvos de nopal pueden constituir una alternativa económica para ser utilizados como suplemento dietético en todas las estaciones del año, sin la necesidad de tener nopales frescos[24].

INTRODUCCIÓN AL PROCESAMIENTO DE LOS ALIMENTOS INCLUYENDO EL NOPAL

La preparación y cocción de los alimentos influyen en sus cualidades nutricionales y, potencialmente, en los beneficios para la salud; el procesamiento de los alimentos puede tener efectos beneficiosos, tales como mejorar la digestibilidad y la biodisponibilidad de los nutrientes, aumentar el atractivo para el consumidor debido a la mejora de la textura y el sabor, como también tener efectos nocivos, tales como la pérdida de nutrientes o la formación de compuestos tóxicos[27].

Cuando los vegetales son cocinados antes de ser consumidos, como es bien sabido, la cocción induce cambios significativos en la composición química, influenciando en la concentración y la biodisponibilidad de los compuestos bioactivos de los vegetales; investigaciones científicas han reportado efectos tanto positivos como negativos ejercidos sobre los alimentos dependiendo de las distintas técnica y métodos de procesamiento que se aplican y de las características morfológicas y nutricionales que poseen las distintas especies vegetales; los cambios en la textura son a menudo importantes debido a la alteración de las membranas y a la pérdida asociada de la turgencia; además, los vegetales cocinados exhiben una pobre calidad de color en comparación con los vegetales frescos[28].

Durante el procesamiento, muchos alimentos, tales como las bebidas, son sometidos a altas temperaturas para prolongar su vida útil y preservar su calidad microbiológica[18], pero los compuestos fitoquímicos termolábiles pueden ser seriamente afectados por la temperatura.

También en algunas hortalizas, al igual que en el nopal, se pueden producir daños físicos y/o heridas causadas por la manipulación lo que aumenta la velocidad de respiración y la producción de gas etileno que se traduce rápidamente en un aumento de las tasas de reacciones bioquímicas responsables de los cambios de color —incluido el oscurecimiento—, el sabor, la textura y el valor nutricional[22].

Para el consumo humano, los cladodios se comen generalmente frescos o cocinados, ya sea hervidos, asados, fritos o también en jugos y en salsas[15] y las frutas se utilizan para la preparación de diversos productos alimenticios tales como zumos, mermeladas y otros[10]. Cuando “El Árbol de la Vida y El

Oro Verde" se prepara y procesa aplicando cualquier técnica de cocción, sufrirá reacciones físicas y bioquímicas que producirán cambios en el producto final de acuerdo con la técnica de preparación de alimentos y el método de cocción aplicados.

Antes de utilizar en la cocina cualquier parte de "El Árbol de la Vida y El Oro Verde", la eliminación de espinas y la limpieza de las partes utilizadas con agua dulce son fundamentales, el corte y el troceado también forman parte de las principales técnicas culinarias que es necesario aplicar antes de la preparación de los platos.

EFECTO DE LOS TRATAMIENTOS TÉRMICOS SOBRE *OPUNTIA*

Tradicionalmente, el tratamiento térmico suele ser utilizado para prolongar la vida útil de las bebidas obtenidas del fruto de *Opuntia*; sin embargo, el tratamiento térmico puede conducir a la degradación de los compuestos termolábiles y cambiar las propiedades organolépticas del producto; por esta razón, la aplicación de tecnologías innovadoras de procesamiento no térmico como el procesamiento a alta presión, la homogeneización a alta presión, los campos eléctricos pulsátiles y la aplicación de ultrasonidos pueden constituir herramientas útiles para retener los compuestos termolábiles intactos que son beneficiosos en los productos alimenticios[10].

El tratamiento térmico puede inducir cambios en las cualidades químicas y nutricionales de los alimentos, tales como la pérdida de agua, cambios en la energía, cambios en el contenido de grasa y en el perfil de los ácidos grasos, así como en la cantidad y biodisponibilidad de compuestos bioactivos de los (poli)fenoles y otros fitoquímicos de la planta; las técnicas de cocción producen alteraciones estructurales en los cladodios que inducen a cambios en la composición nutricional, sus compuestos (poli)fenólicos y, por consiguiente, en su capacidad antioxidante[15].

Por otra parte, los tratamientos térmicos pueden dañar el valor nutritivo ademas de influenciar en la textura, el sabor y el color natural de los alimentos; algunos de los compuestos bioactivos más importantes de los alimentos tales como las vitaminas, los polifenoles y otros, suelen ser térmicamente inestables; en consecuencia, es conveniente aplicar en los métodos de cocción una exposición controlada de la temperatura buscando valores de temperaturas lo mas bajos posibles con tiempos breves que permitan la producción de alimentos seguros y con la mínima pérdida de propiedades fitoquímicas además de conservar la calidad natural de los alimentos[10].

Algunos de los compuestos bioactivos más importantes que se encuentran en los alimentos tales como las vitaminas, los polifenoles y otros fitoquímicos suelen ser térmicamente inestables; también, los componentes naturales tales como colorantes, antioxidantes y otros fitocomponentes extraídos de los frutos de *Opuntia* spp. son sensibles a los tratamientos térmicos cuando las temperaturas que se aplican se encuentran entre 50°C y 90°C; se vió que el tratamiento térmico reduce las cantidades de vitamina C de un 46% a 76%, reduce el total de los fenoles entre el 27% y el 52%, de los flavonoides hasta el 52%, de los

Compuestos fenólicos (mg./100 g basado en peso seco)[16]					
Compuestos fenólicos	Fresco	Vapor	Microondas	Hervor	Parrilla
Ácido gálico	11.35	6.75	12.34	5.30	7.81
Ácido vanílico	9.96	4.31	0.97	2.96	ND
Ácido 4-Hydroxybenzoico	10.42	3.96	4.05	1.12	4.94
Ácido siríngico	3.39	1.42	ND	2.04	1.72
Epicatechina	4.65	2.82	1.87	3.36	2.03
Catechina	15.81	17.76	13.40	5.15	3.12
Ácido Ferúlico	7.00	7.03	6.72	1.34	6.50
Rutina	5.36	4.96	5.62	ND	4.58
Vanilina	7.87	5.63	7.84	2.62	ND
Ácidop rotocatechuico	26.56	4.10	4.92	3.22	3.59
Quercitrina	17.3	0.74	1.15	3.22	0.84
Quercetina	5.19	7.61	9.33	5.82	7.55
Kaempferol	13.90	10.01	13.69	9.04	ND

Table 3.4: Variación de los compuestos fenólicos en *Opuntia ficus-indica* de acuerdo con la influencia del método de cocción.

betalinatos entre el 7% y el 45%, y también reduce la capacidad antioxidante entre 16% y el 45%[10].

La temperatura puede ser considerada el factor más importante que afecta la estabilidad de las betalaínas, tanto en su procesamiento como en su almacenamiento; las betalaínas son compuestos termolábiles y se pueden perder cuando se utilizan altas temperaturas[18].

Como un ejemplo ilustrativo, la tabla 3.5 muestra como los diferentes métodos de cocción afectan a varios compuestos fenólicos presentes en *Opuntia* spp. Según los resultados obtenidos, se recomienda cocinar *Opuntia* spp. utilizando el método del vapor y de calentamiento por microondas para asegurar una mayor retención de los compuestos fenólicos y de los constituyentes antioxidantes, asimismo estos mismos métodos de cocción deberían ser seleccionados para también preservar las cualidades nutracéuticas de muchos otros alimentos[16].

Las altas temperaturas y el largo tiempo de secado también pueden resultar en una pérdida del valor nutricional, color, sabor y propiedades funcionales de los alimentos; la aplicación de tratamientos térmicos con alta temperatura durante la preparación de la harina de cladodio afectan negativamente la capacidad de absorción de agua como propiedad funcional y el color verde; las cualidades funcionales de la harina de cladodios cuando son procesadas a 60°C son consideradas más adecuadas y aptas para ser utilizadas en suplementos dietéticos[9].

"EL ÁRBOL DE LA VIDA Y EL ORO VERDE" PREPARACIÓN DE ALIMENTOS Y RECETAS

Después de quitar las espinas y de limpiar con agua fresca las partes de la chumbera que van a ser utilizadas en la preparación de alimentos, la materia prima estará lista para preparar cualquier tipo de comida. Para evitar mayores pérdidas de nutrientes y de propiedades funcionales y nutracéticas es una buena idea pensar en preparar platos que no requieran cocción. También, es una buena idea remover los gloquidios, las espinas, trozar y preparar el nopal unos minutos antes de comerlo porque cuando se dañan las células también se producen reacciones enzimáticas que modifican las propiedades nutricionales.

Cuando cocine los cladodios, no los cocine en exceso para así retener la mayor cantidad de nutrientes termosensibles.

Dado que el azúcar no es bueno para la salud, especialmente para las personas que tienen diabetes, es recomendable evitar el agregado de azúcar en la preparación de dulces a base de nopal tal como la preparación de mermeladas.

Debido a que el azúcar no es un nutriente esencial, no tiene un valor de cantidad diaria recomendada o un valor de RDA establecido. Basado en el surgimiento de la creciente preocupación por la ingesta de azúcares libres, especialmente en forma de bebidas azucaradas, la Organización Mundial de la Salud (OMS) recomienda que se reduzca la ingesta de azúcares libres durante toda la vida, recomienda que se reduzca la ingesta de azúcares libres a menos del 10% de la ingesta total de energía y también sugiere que se haga una nueva reducción de la ingesta de azúcares libres por debajo del 5% de la ingesta total de energía. Siguiendo la recomendación de la OMS, es una buena idea no añadir azúcar para preparar alimentos tales como las mermeladas, como del mismo modo, evitar preparar alimentos que requieran azúcar añadida.

Técnicas de remoción de espinas

Tanto los cladodios como las tunas tienen espinas que necesitan ser removidas. Para eliminar las espinas de los cladodios y de los frutos se aplican diferentes técnicas.

- En el caso de los cladodios, las espinas pueden ser quitadas con un cuchillo afilado; basta con cortar cuidadosamente los nódulos espinosos de la paleta de nopal y recortarlos alrededor del borde exterior.

- Para quitar las espinas de las tunas, basta con pasar las frutas rápidamente por encima de una llama de fuego para que las espinas desaparezcan.

Preparación de los cladodios

Para preparar los cladodios, simplemente sostener su base y raspar la piel por ambos lados con un cuchillo con filo hasta que todas las espinas sean removidas; luego de limpiarlos con agua fresca, córtarlos en tiras o en dados de acuerdo con las necesidades de la receta; los cladodios pueden ser consumidos crudos en ensaladas, hervidos y fritos como las berenjenas, en escabeche bien sazonados con especias, o cocinados con mariscos, cerdo, chilis, tomates, huevos, cilantro, ajo y cebollas; las posibles recetas van desde hacer aperitivos, sopas y ensaladas, pasando por entradas, platos de hortalizas y panes, hasta postres, bebidas y dulces[26].

Nunca sobrecocinar los cladodios u otras hortalizas; es recomendable seleccionar el mejor método de cocción para preparar los platos calientes. Cuando utilice métodos de preparación que requieran cocción, tratar de que la temperatura para cocinar las hortalizas sea la menor posible y que los tiempos de su aplicación sean los más breves posible con la finalidad de conservar un mayor porcentaje de nutrientes termosensibles intactos.

Ensalada Azteca

La ensalada Azteca se prepara utilizando nopalitos o cladiodos jóvenes. La ensalada contiene atún, frijoles, chili picante o chili jalapeño picante.

Combinar los ingredientes en las cantidades deseadas y servir en el plato acompañada con otros alimentos tal como el arroz.

Salsas saludables

Las salsas se elaboran utilizando cladodios tiernos molidos o trozados, a los que se añaden diversos tipos de verduras, como pimientos, tomates, cebollas y especias, en proporciones variables y a gusto.

Utilizar una cazuela o una cacerola con tapa.

Trozar las hortalizas, ponerlas dentro de la olla de cocción y condimentar a gusto utilizando especias a elección.

No agregar agua dentro de la olla de cocción. Los cladodios y las hortalizas contienen entre el 70% y el 90% de agua. Con la aplicación de calor las células de los vegetales sufren daños y liberan el agua que contienen y las hortalizas se cocinarán con la propia agua que contienen y todos los minerales y componentes fitoquímicos de las hortalizas quedarán dentro de la salsa.

Cocinar todo a fuego lento durante unos 10-15 minutos.

Aplicando estos procedimientos obtendrá una salsa nutritiva y deliciosa.

La salsa puede ser utilizada para condimentar y acompañar varios tipos de platos como arroz integral, pasta integral, varios tipos de carnes, pescados y mariscos.

Jugos y licuados de tuna

Mezclar las tunas con otras frutas tales como la piña para la preparación de jugos y licuados. La mezcla de frutas puede mejorar la calidad y el sabor de los jugos. El agregado de zumo de piña y la adición de ácido cítrico disminuyen el pH de la mezcla y aumentan su estabilidad microbiológica[26].

Mermelada de tuna

Remover y descartar las puntas de las tunas que se van a utilizar para hacer mermelada; luego trozarlas en pequeños pedazos.

Colocar las tunas cortadas en dados en un recipiente de vidrio o en una olla de porcelana limpios con una tapa que permita la evaporación. Cocinar al Baño María hasta obtener una pasta homogénea y consistente. Poner la pasta en un frasco de vidrio esterilizado y como agente antimicrobiano se puede poner en la parte superior una fina capa de canela líquida, poner la tapa y dejar nuevamente en el Baño María durante 20 minutos.

La mermelada sin el agregado de azúcar tendrá un sabor y aroma exquisitos ademas de ser saludable.

Licuado de Tuna, piña y naranja	
Ingredientes	**Preparación**
2 tunas 1 naranja 200 g de piña	Remover y descartar las dos puntas de la tuna. Cortar en rodajas. Pelar la naranja. Cortar la naranja en trozos. Cortar la piña en pequeños trozos. Poner en la licuadora y licuar. Servir frío en vasos.

TOXICOLOGÍA

Oralmente, *Opuntia ficus-indica* **suele ser bien tolerada**. Sin embargo, se ha reportado que puede causar diarrea leve, náusea, aumento del volumen de las heces, aumento de la frecuencia de las evacuaciones, inflamación abdominal, dolor de cabeza y obstrucción colónica[6].

Los extractos de cactus pueden se utilizados sin problemas como suplementos dietéticos, ya que no tienen efectos tóxicos[13].

REFERENCIAS

[1] Santos Díaz, María del Socorro et al. 2017. Opuntia spp.: Characterization and Benefits in Chronic Diseases. Oxidative Medicine and Cellular Longevity.

[2] Chauhan, S. P. et al. 2010. Biological Actions of Opuntia Species. Systematic Reviews in Pharmacy, Vol 1 | Issue 2.

[3] Hernández-Urbiola, M.I. et al. 2010. Study of Nutritional Composition of Nopal (Opuntia ficus indica cv. Redonda) at Different Maturity Stages. The Open Nutrition Journal, 2010, 4, 11-16.

[4] Contreras-Padilla, Margarita et al. 2011. Evaluation of oxalates and calcium in nopal pads (Opuntia ficus-indica var. redonda) at different maturity stages. Journal of Food Composition and Analysis 24 38–43.

[5] Chiteva, Rose and Norman Wairagu. 2013. Chemical and nutritional content of Opuntia ficus-indica (L.). Vol. 12(21), pp. 3309-3312.

[6] Ondarza, Mauricio A. 2016. Cactus Mucilages: Nutritional, Health Benefits and Clinical Trials. J. Med. Bio. Sci. Res.

[7] Toit, Alba du et al. 2018. Cultivar and Harvest Month Influence the Nutrient Content of Opuntia spp. Cactus Pear Cladode Mucilage Extracts. Molecules, 23, 916.

[8] Ciriminna, Rosaria et al. The unfolding bioeconomy of nopal (*Opuntia* spp.).

[9] López-Cervantes, Jaime et al. 2011. Functional properties and proximate composition of cactus pear cladodes flours. Ciênc. Tecnol. Aliment., Campinas, 31(3): 654-659.

[10] Barba, Francisco J. et al. 2017. Impact of conventional and non-conventional processing on prickly pear (*Opuntia* spp.) and their derived products: From preservation of beverages to valorization of by-products. Trends in Food Science & Technology 67, 260-270.

[11] Stintzing, Florian C. et al. 2001. Phytochemical and nutritional significance of cactus pear. Eur Food Res Technol, 212 : 396–407.

[12] Hfaiedh Mbarka et al. 2018. Phytochemical analysis and nephroprotective effect of Cactus (*Opuntia ficus-indica*) cladodes on sodium dichromate-induced kidney injury in rats. Appl. Physiol. Nutr. Metab.

[13] Pavithra K. et al. 2015. Pectin and Isolated Betalains from *Opuntia dillenii* (Ker-Gawl) Haw. Fruit Exerts Antiproliferative Activity by DNA Damage Induced Apoptosis. IJPPR, Volume 7, Issue 6.

[14] Hassan Abd El-Razek, Fatma and Hassan, Amal A. 2011. Nutritional Value and Hypoglycemic Effect of Prickly Cactus Pear (Opuntia Ficus-Indica) Fruit Juice in Alloxan-Induced Diabetic Rats. Australian Journal of Basic and Applied Sciences, 5(10): 356-377.

[15] De Santiago, Elsy et al. 2017. Impact of cooking process on nutritional composition and antioxidants of cactus cladodes (*Opuntia ficus-indica*). Food Chemistry.

[16] Cortez-García, Rosa María et al. 2015. Effects of Cooking Methods on Phenolic Compounds in Xoconostle (*Opuntia joconostle*). Plant Foods Hum Nutr.

[17] Patel, Seema. 2012. Reviewing the prospects of Opuntia pears as low cost functional foods. Springer Science+Business Media B.V.

[18] Sáenz, Carmen et al. 2012. Red betalains from Opuntia spp.: Natural colorants with potential applications in foods. Israel Journal of Plant Sciences, Vol. 60 pp. 291–299.

[19] Ramadan, Mohamed Fawzy and Mörsel, Jörg-Thomas. 2003. Oil cactus pear (*Opuntia ficus-indica* L.). Food Chemistry 82, 339–345.

[20] Sáenz, Carmen et al. 1998. Cactus pear fruit: A new source for a natural sweetener. Plant Foods for Human Nutrition 52: 141–149.

[21] Cota-Sánchez, J. Hugo. 2016. Chapter 28: Nutritional Composition of the Prickly Pear (*Opuntia ficus-indica*) Fruit. Elsevier.

[22] Sáenz, Carmen et al. 2013. Agro-industrial utilization of cactus pear. Food and Agriculture Organization of the United Nations, FAO.

[23] Monrroy, Mariel et al. 2017. Extraction and Physicochemical Characterization of Mucilage from *Opuntia cochenillifera* (L.) Miller. Journal of Chemistry.

[24] Hernández-Urbiola, Margarita I. 2011. Chemical Analysis of Nutritional Content of Prickly Pads (*Opuntia ficus indica*) at Varied Ages in an Organic Harvest. Int. J. Environ. Res. Public Health, 8.

[25] Kauthale, Vitthal et al. 2017. Cactus an Emerging Fodder Crop of Arid and semi Arid India. BAIF Development Research Foundation.

[26] Shedbalkar, Utkarsha U. et al. 2010. Opuntia and Other Cacti: Applications and Biotechnological Insights. Tropical Plant Biol. 3:136–150.

[26] University of California. 1989. Prickly Pear Cactus Production. Small Farm Center, University of California.

[27] Hoffman, Richard and Gerber, Mariette. 2015. Food Processing and the Mediterranean Diet. Nutrients 2015, 7.

[28] Miglio, Cristiana et al. 2008. Effects of Different Cooking Methods on Nutritional and Physicochemical Characteristics of Selected Vegetables. J. Agric. Food Chem. 56, 139–147.

Capítulo 4

PROPIEDADES FUNCIONALES Y NUTRACÉUTICAS Y COMPOSICIÓN FITOQUÍMICA DE "EL ÁRBOL DE LA VIDA Y EL ORO VERDE"

PROPIEDADES FUNCIONALES Y NUTRACÉUTICAS Y COMPOSICIÓN FITOQUÍMICA DE "EL ÁRBOL DE LA VIDA Y EL ORO VERDE"

"El Árbol de la Vida y el Oro Verde" o la chumbera es una planta que contiene importantes compuestos bioactivos que poseen propiedades que benefician la salud. Es un alimento funcional con propiedades nutracéiticas. La chumbera se ha utilizado en la medicina popular tradicional para tratar con eficacia varios tipos de condiciones de salud, en particular es ampliamente utilizada por los mexicanos. *Opuntia* spp. es una fuente de importantes compuestos bioactivos que tienen una amplia gama de funciones biológicas. Los compuestos extraídos de los cladodios, de las flores y de los frutos han demostrado tener una serie de acciones farmacológicas que benefician en gran medida la salud, además de ser un eficaz biopurificador natural del agua.

INTRODUCCIÓN

La chumbera, *Opuntia* spp., es una planta que además de contener importantes compuestos fitoquímicos con propiedades nutracéuticas, puede crecer no sólo en zonas áridas y semiáridas sino que puede permitir y sostener el desarrollo de la vida en zonas adversas. Por sus sorprendentes características merece ser llamada "El Árbol de la Vida y El Oro Verde".

Las plantas de Opuntia spp. contienen compuestos bioactivos que son conocidos por sus propiedades benéficas relacionadas con la salud[1]. El nopal es utilizado en la medicina popular tradicional para tratar diversas enfermedades y condiciones relacionadas con procesos antiinflamatorios, efectos hipoglucemiantes, inhibición de la ulceración estomacal y efectos neuroprotectores; en muchos países de todo el mundo se la utiliza por sus propiedades antioxidantes y también para tratar la diabetes, las quemaduras, problemas bronquiales, el asma y la indigestión[3]. Es utilizada en la medicina popular, particularmente por la población mexicana, para curar un gran número de enfermedades[2].

Los cladodios *Opuntia* spp. tienen un alto contenido de fibra y efectos beneficiosos en el metabolismo de la glucosa; también contienen importantes minerales tales como el potasio y el calcio además de contener compuestos fenolícos[2]. Se han aislado de la planta de cactus importandes fitocompuestos tales como alcaloides, indicaxantina, neobetanina y varios flavonoides[6].

COMPUESTOS FITOQUÍMICOS Y SUS PROPIEDADES FUNCIONALES

La composición fitoquímica en el peso seco de las especies comerciales y silvestres de *Opuntias* spp. depende de la variedad y de la especie, de la etapa de maduración y de las condiciones ambientales[4] y también de la parte de la planta como se muestra en la tabla 4.1.

La planta de cactus puede ser explotada en su totalidad debido que diferentes compuestos bioactivos pueden ser extraídos de diferentes partes de su anatomía: flores, frutos, cladodios, raíces y semillas[21] (ver tabla 4.1).

Por ejemplo, los cladodios contienen vitaminas, antioxidantes y varios flavonoides, particularmente el éter de 3-metilo de quercetina, un antioxidante de radicales altamente eficiente; por cada 100 gramos de materia seca, la flor contine 4900 mg de ácido gálico y 4269 mg de 6-isorhamnetin 3-O-robinobiosido que forman parte de sus principales fitocompuestos; por cada 100 gramos de materia seca proveniente de la pulpa de la fruta, se obtuvo 218.8 mg de fenol junto con un alto contenido de glucósidos de isorhamnetina (50,6 mg) en comparación con otros flavonoides; el fruto, en particular su piel, puede contener hasta 17.6 g/kg de vitamina E correspondiente a α-tocopherol[6].

Composición fitoquímica de *Opuntia* spp.[6]					
Principales fitoquímicos identificados	**Flor**	**Pulpa**	**Semillas**	**Piel fruta**	**Cladodios**
Ácido gálico	1630-4900				0.64 - 2.37
Quercetina 3-O-Rutinosida	709				
Quercetina 3-O-Glucosida	447				
Isorhamnetina 3-O-Robinobiosida	4269				
Isorhamnetina 3-O-Galactosida	979				
Isorhamnetina 3-O-Glucosida	724				4.59- 2.21
Kaempferol 3-O-Arabinosida	324				
Total ácido fenólico		218.8	48 89	45700	
Quercitina		9		4.32	
Isorhamnetina		4.94		2.41-91	
Kaempferol		0.78–2.7		0.22	
Luteolina		0.84			
isorhamnetina glycosidas		50.6			
Feruloil-sucrosa isómero 1			7.36-17.62		
Feruloil-sucrosa isómero 2			2.9–17.1		
Feruloil-sucrosa isómero 1			12.6–23.4		
Total Flavonoide			1.5–2.6	6.95	
Total Taninos			4.1–6.6		14.08–16.18
Coumarina					0.06–5.02
3,4-dihidroxybenzoico					0.5–4.72
4-hidroxybenzoico					0.56–34.77
Ácido Ferúlico					0.58–3.54
Ácido salicílico					2.29–39.67
Isoquercetina					
Nicotiflorina					2.89–146.5
Rutina					2.36–26.17
Narcissin					14.69–137.1

Tabla 4.1: La composición fitoquímica de las diferentes partes de *Opuntia* spp. Las propiedades nutricionales varían en las diferentes partes de la planta.

Fuente: USDA Database. https://ndb.nal.usda.gov/ndb/foods/

Composición fitoquímica de los frutos

Los frutos de *Opuntia* spp. se han popularizado debido a su valor nutritivo y a sus efectos benéficos para la salud que incluyen propiedades antioxidantes, antiulcerogénicas y efectos protectores contra la peroxidación de lipoproteínas de baja densidad[15].

La identificación y cuantificación de betalaínas en los frutos de diez variedades de *Opuntia* —de pulpa púrpura, roja, naranja, amarilla y blanca— fueron estudiados por Castellanos-Santiago y Yahia; estos autores encontraron un total de 24 betalaínas conocidas y desconocidas, incluyendo betaxantinas y betacianinas; también encontraron un mayor contenido de betalaínas en los frutos de color púrpura que fue del orden de 8.1 mg/g de fruto seco, mientras que el contenido de betacianinas en la piel de los frutos de *Opuntia ficus-indica* fue de aproximadamente 1.4 veces más alto que en la pulpa; asimismo encontraron que los frutos de *Opuntia ficus-indica* contenían un 99% de indicaxantina, una betaxantina característica de *Opuntia*[15].

El fruto del nopal contiene cantidades sustanciales de ácido ascórbico, vitamina E, carotenoides, fibras, aminoácidos y compuestos antioxidantes tales como fenoles, flavonoides, betaxantina y betacianina[6].

Dado que las cactáceas presentan una gran diversidad genética, sus frutos son una fuente prometedora de coloración natural de los alimentos; debido a la diversidad estructural de las betacianinas rojo-violáceas y sus betaxantinas amarillo-anaranjadas que se encuentran en la matriz comestible del fruto, es posible obtener una amplia gama de matices de color; los niveles más altos de betalaínas en la pulpa y en la cáscara de *Opuntia ficus-indica* ascendieron a 113.9 mg/100 g de fruta fresca[17]. El fruto del nopal contiene además cantidades sustanciales de ácido ascórbico, vitamina E, carotenoides, fibras, aminoácidos y compuestos antioxidantes tales como fenoles, flavonoides, betaxantina y betacianina mientras que las flores de *Opuntia ficus-indica* contienen diferentes flavonoides, en particular kaempferol y quercetina[6]. También,

Cladodios: Composición de los aminoácidos	
Aminoácidos	**mg/100 g**
Triptofano*	14
Treonina*	40
Isoleucina*	49
Leucina*	77
Lisina*	59
Metionina*	15
Cisteina	8
Fenilalanina*	49
Tirosina	29
Valina*	59
Arginina	52
Histidina*	25
Alanina	50
Ácido aspártico	86
Ácido glutámico	145
Glicina	46
Prolina	43
Serina	43
*Aminoácidos esenciales	

Tabla 4.2: Comosición de los aminoácidos de los cladodios.

Cladodios: Composición de los lípidos	
Lípidos(Grasas)	**mg/100 g**
Ácidos grasos, total saturados	16
16:0 - Ácido palmítico	12
18:0 - Ácido esteárico	2
Ácidos grasos total monoinsturados	18
16:1 no diferenciados	2
18:1 no diferenciados	17
Ácidos grasos, total poliinsaturados	50
18:2 no diferenciados	44
18:3 no diferenciados	5
Colesterol	0
Ácidos grasos, total trans	0
Total lípidos (grasas)	90

Tabla 4.3: Composición de las grasas de los cladodios.

Cladodios: Composición de los azúcares[1]	
Monosacáridos	**ug/mg**
Ramnosa	7.13
Arabinosa	39.64
Xilosa	18.64
Manosa	13.64
Galactosa	33.69
Glucosa	153.15
Ácido galacturónico	96.26

Fuente: USDA Food database.

Tabla 4.4: Composición de los azúcares de los cladodios.

los frutos de *Opuntia* spp. se caracteriza por contener altos niveles de aminoácidos, especialmente prolina y taurina[17].

Contenido de aminoácidos detectables en la pulpa de fruta[21]					
Aminoácidos	**mg/L**	**Aminoácidos esenciales**	**mg/L**	**Aminoácidos**	**mg/L**
Alanina	87.2	Histidina	45.2	Taurina	434.3
Arginina	30.5	Isoleucina	31.2	Citrulina	16.3
Asparagina	41.7	Leucina	20.6		
Ácido glutámico	66.1	Lisina	17.4		
Glutamina	346.2	Metionina	55.2		
Glicina	11.3	Fenilalanina	23.3		
Prolina	1265.2	Treonina	12.6		
Serina	174.5	Triptofano	12.3		
Tirosina	12.3	Valina	39.4		

Tabla 4.5: Contenido de aminoácidos en la pulpa de la fruta de *Opuntia ficus-indica.*

Las tunas, es decir los frutos de *Opuntia* spp. deben ser consumidos preferentemente con la cáscara porque tienen algunos compuestos fitoquímicos importantes con propiedades nutracéuticas. La cáscara de la fruta de *Opuntia ficus-indica* contiene principalmente derivados isorhamnetina de flavonoles, tales como isorhamnetina-3-O-rutinosida, isorhamnetina diglicosidas, isorhamnetina triglicosidas y otras isorhamnetina glicósidas que se encuentran presentes aunque en pequeñas cantidades[15].

Composición fitoquímica de los cladodios

Se estudió la composición de los azúcares en *Opuntia* spp. a partir de los cladodios; los cladodios están compuestos por distintos monosacáridos; cada miligramo extraído y secado contiene 7.13 ug de ramnosa, 0.74 ug de fucosa, 39,64 ug de arabinosa, 18,64 ug de xilosa, 13,64 ug de manosa, 33,69 ug de galactosa, 153,15 ug de glucosa y 96,26 ug de ácido galacturónico[1].

Propiedades funcionales y nutracéuticas de *Opuntia ficus-indica*[21]			
Parte	**Extracción**	**Acción**	**Sistema esdudiado**
Cladodios.	Extractos.	Antiviral.	Inhibición de la replicación del virus intracelular y inactivación del virus extracelular. Cerdo de Guinea.
		Efectos hipoglucémico y antidiabético.	Ratas diabéticas.
		Efecto anti-hiperlipidémico acción en la reducción del colesterol.	Ratas.
		Factor antiobesidad.	Humanos.
	Indicaxantina	Acción antiinflamatoria.	Humanos.
			Ratas con pleuritis
	Extractos flavonoides	Neuroprotección contra injurias neuronales oxidativas.	Cultivos primarios de células corticales de ratas.
		Efectos antiulcerogénicos y antigastritis.	Ratas.
	Extractos	Protección contra la toxicidad inducida de níquel.	Ratas.
		Protección contra daños oxidativos inducidos por zearalenona.	Ratones.
		Efecto diurérico.	Ratas.
		Propiedades curativas.	Humanos.
Planta	Extractos	Neuroprotección contra la isquemia cerebral.	Estudios in vitro con cultivos de células corticales de ratones. In vivo: estudios en jerboas.
	Extractos	Alivio en síntomas de sobre exposición a bebidas alcohólicas.	Humanos
Aceite de semillas		Efecto anti-hiperlipidémico acción en la reducción del colesterol.	Ratas
		Efectos Hipoglicémico y antidiabético.	Ratas
Semillas		Efecto anti-hiperlipidémico acción en la reducción del colesterol.	Ratas
		Efectos Hipoglicémico y antidiabético.	Ratas
Flores		Efecto diurético.	

Propiedades funcionales y nutracéuticas de *Opuntia ficus-indica*[21]			
Parte	**Extracción**	**Acción**	**Sistema estudiado**
Fruto	Jugo	Efectos antiulcerogénicos y antigastritis.	Ratas.
	Extracto	Decrecimiento del efectos del stress oxidativo.	Humanos.
		Reducción de daño del DNA.	Linfocitos periféricos humanos.
		Efectos diuréticos.	Ratas.
	Jugo y extracto	Protección hepática.	Hígado.
	Extractos acuosos	Propiedades preventivas del cáncer.	Células epiteliales ovári-cas y cervicales, células de cáncer de cérvix y vejiga, células de cáncer de ovario, leucemia.
		Mejora plaquetaria.	Humanos

Tabla 4.6: Propiedades funcionales y nutracéuticas de las difderentes partes de "El Árbol de la Vida y El Oro Verde".

La composición identificada de ácidos grasos en los lípidos de la harina de nopal fue la siguiente:

Ácido (C14:1n5), ácido mirístico (C14:0), ácido palmitoleico (C16:1n7), ácido palmítico (C16:0), ácido linoleico (C18:2n6), ácido linolénico (C18:3n3), ácido oleico (C18:1n9), ácido vaccénico (C18:1n7), ácido esteárico (C18:0), ácido araquídico (C20:0), ácido gondoico (C20:1n9) y ácido behénico (C22:0); en la harina de nopal los ácidos grasos más abundantes fueron el ácido palmítico (C16:0), el ácido linoleico (C18:2n6), el ácido linolénico (C18:3n3) y el ácido oleico (C18):1n9); también los lípidos presentes en las muestras contenían alrededor del 50% de ácidos grasos esenciales (C18:2n6, C18:3n3), mientras que el contenido de ácidos grasos saturados fue del 37%[5].

PROPIEDADES FARMACOLÓGICAS

Permita que los alimentos sean su medicina.
Hipócrates (460 a.C.-377 a.C.).

En la medicina popular, las plantas de cactus han sido utilizadas por los nativos amerindios durante siglos como un suplemento dietético; más recientemente, los cladodios, las frutas y las flores han sido tradicionalmente utilizados en la medicina popular en varios países; los cladodios todavía son utilizados para el tratamiento de la úlcera gástrica; tradicionalmente el consumo de frutas de cactus y sus jugos han sido recomendados por su efecto diurético, sus funciones como agente hipoglucémiante, sus acciones antialérgicas, analgésicas y antiinflamatorias y también, para aliviar la gastritis[6].

En la medicina tradicional, *Opuntia ficus-indica* se ha utilizado para el tratamiento de quemaduras, heridas, edemas, hiperlipidemia, obesidad y gastritis catarral; los extractos alcohólicos o tinturas están indicados para fines antiinflamatorios, hipoglucémicos y antivirales; también, *Opuntia ficus-indica* var. saboten se utiliza para curar heridas, quemaduras, edemas, dispepsia y también se utiliza como neurorotector, citoprotector, antiespasmódico y quimiopreventivo; los extractos de frutas han demostrado tener actividades antioxidantes y antiinflamatorias; también estudios clínicos han demostrado que el nopal es efectivo en pacientes diabéticos tipo 2 y el efecto anti-hiperglucémico podría ser debido al alto contenido de fibra y de pectina de la planta que es capaz de disminuir la absorción de carbohidratos; además, se observó que los extractos de *Opuntia* tienen efectos antitumorales y hepatoprotectores en ratones[8].

El cactus *Opuntia* spp.ha sido reconocido como un alimento funcional y una fuente de alimentos con propiedades nutracéuticas; es un alimento que proporciona beneficios para la salud que puede ser utilizado en la prevención, el tratamiento y la curación de diversas enfermedades; la fruta y los cladodios de nopal proporcionan fuentes atractivas de compuestos funcionales, incluyendo fibra dietética, hidrocoloides o mucílago, pigmentos tales como las betalaínas y los carotenoides, importantes minerales como el calcio y el potasio y vitaminas con propiedades antioxidantes, tales como la vitamina C[8].

Opuntia spp. es una fuente de nuevos compuestos bioactivos que tienen una amplia gama de funciones biológicas[4]. Los compuestos extraídos de los cladodios han mostrado tener una serie de acciones farmacológicas importantes, demostraron efectos emolientes y cicatrizantes, efectos hipocolesterolémicos, capaces de inhibir la ulceración estomacal, efectos neuroprotectores a través de acciones antioxidantes y efectos antiinflamatorios; también han mostrado tener efectos sobre el control de la glucosa en sangre, los niveles de lípidos séricos, además de las actividades relacionadas con las propiedades hipoglucemiantes y antidiabéticas[1].

El mucílago de la chumbera posee polisacáridos complejos con estructuras extremadamente ramificadas además de la pectina compuesta por fibras dietéticas solubles que ejercen efectos fisiológicos con propiedades hipocolesterolémicas e hipoglucémicas en humanos[8].

Los cladodios de *Opuntia* spp. contienen una sustancia viscosa llamada mucílago que es un hidrocoloide que presenta propiedades funcionales y reológicas prometedoras; los hidrocoloides se utilizan para modificar las propiedades texturales de los alimentos especialmente cuando es necesario omitir algunos ingredientes tales como el gluten, las grasas, los huevos y los productos lácteos; los hidrocoloides permiten desarrollar productos alimentarios funcionales de bajas calorías y libres de alergenos; el mucílago, como ya se ha dicho anteriormente, es capaz de absorber y retener grandes cantidades de agua en su estructura; el desarrollo de productos alimenticios funcionales con mucílago no sólo beneficiaría a los consumidores al proporcionar alimentos, medicamentos y tratamientos naturales para tratar enfermedades crónicas como el cáncer, la diabetes mellitus y las enfermedades cardiovasculares, sino que también podría promover el desarrollo de cultivos de cactus a nivel comercial ya que el mucí-

Fig 4.1: *"Fundación Tenochtitlan, mito de la la escultura de piedra Teocalli de la Guerra Sagrada, vista trasera. Un águila que sostiene el atl tlachinolli (símbolo de la dualidad) con su pico y descansa sobre una Opuntia (nopal) que emerge del cuerpo de Copil (príncipe azteca), según la mitología azteca".*

Fuente: https://en.wikipedia.org/wiki/File:Tenochtitlan_fundation_myth_in_the_Teocalli_of_the_Sacred_War_stone_sculpture_back_view.svg.

lago tiene la capacidad de actuar como un ingrediente funcional para la fabricación de una cantidad de productos alimenticios comerciales; el mucílago del cactus es un hidrocoloide prometedor que podría sustituir una cantidad de ingredientes no deseados en diversos productos alimenticios[19].

Como ya se dijo, *Opuntia* spp. es rica en fibra dietética. Los componentes de la fibra dietética están formados por diversos componentes químicos tales como la celulosa, la hemicelulosa, la pectina, la lignina y la goma entre otros que son resistentes a las enzimas digestivas; los beneficios asociados con el contenido de fibra, como ya se mencionó anteriormente, son bien conocidos en la prevención de enfermedades como la diabetes, el tratamiento de desórdenes gastrointestinales, enfermedades asociadas con la baja ingesta de fibra dietética, la reducción de los valores de glucosa en la sangre y los efectos antihiperlipidémicos y antihipercolesterolemicos[24].

Estudios científicos demostraron que los tejidos de *Opuntia ficus-indica* revelaron actividad antiviral, anticancerosa, hipoglucémica, antioxidante y diurética; los frutos tienen efectos antiinflamatorios y analgésicos; además, Tesoriere et al. estudió la actividad antiinflamatoria de la indicaxantina, un pigmento del fruto de *Opuntia ficus indica* y mostró que el pigmento puede tener la facultad potencial de modular los procesos inflamatorios a nivel intestinal; los cladodios mostraron tener una propiedad antiulcerosa y Ennouri et al. sugirieron que el aceite de semilla podría tener actividades hipocolesterolémicas e hipolipídimicas[2]. Experimentos in vivo e in vitro demostraron actividades beneficiosas para la salud de los flavonoides como agentes protectores contra el cáncer, trastornos cardiovasculares, inflamatorios y alérgicos, y propiedades para evitar la fragilidad capilar y la agregación plaquetaria humana[1].

En la farmacopea de la medicina tradicional subsahariana, las flores y frutos de cactus se administran como agentes antiulcerogénicos o antidiarreicos; las flores también se administran como medicamentos antihemorroidales orales y como tratamiento para la tos ferina; los extractos de los cladodios de *Opuntia ficus-indica* pueden reducir el nivel de colesterol y transmitir mecanismos antiinflamatorios y antiulcerígenos, y el extracto acuoso mejora notablemente la cicatrización de las heridas[6].

Los altos niveles de calcio y magnesio que posee *Opuntia* spp. son útiles en la prevención de la osteoporosis y los calambres; también los altos niveles de calcio, magnesio y potasio se utilizan en bebidas energéticas y deportivas para mantener el nivel mineral durante los períodos de agotamiento físico y reponer electrolitos; al tener la chumbera niveles bajos de cloruro de sodio es útil para prevenir la hipertensión[17].

Los cladodios jóvenes frescos son una fuente de proteínas incluyendo aminoácidos esenciales y vitaminas; varios estudios han reportado que altos niveles de aminoácidos, especialmente prolina, taurina y serina, se encuentran en la planta de nopal[7].

La taurina, un aminoácido de origen vegetal no estándar que era de poco interés ha sido reevaluado recientemente en el campo de la ciencia de la nutrición; actualmente es añadido a las bebidas energéticas para deportistas; la taurina tiene funciones específicas en el corazón, la retina y el sistema nervioso central y además, interactúa con el sistema hormonal; se ha confirmado su importancia dietética como una verdadera vitamina; en tiempos de ingesta limitada de metionina o cisteína y deficiencia de vitamina B_6, la taurina adquiere un papel esencial; además, la taurina es también una fuerte de antioxidante fisiológico[17].

También *Opuntia ficus-indica* es una buena fuente de betalinatos que son compuestos fitoquímicos que juegan un papel importante en la salud humana debido a sus actividades farmacológicas como antioxidantes, anticancerígenas, antilipidémicas y antimicrobianas[23].

EFFECTOS DE *OPUNTIA* SPP. SOBRE EL SÍNDROME METABÓLICO

El síndrome metabólico describe la creciente incidencia de diabetes tipo 2 asociada a la obesidad y la hiperinsulinemia asociada a trastornos del metabolismo de carbohidratos y lípidos. La diabetes mellitus representa uno de los mayores problemas de salud pública; investigaciones científicas reportaron que el consumo de *Opuntia ficus-indica* podría reducir la glucosa en sangre postprandial, la insulina sérica y los picos del péptido insulinotrópico dependiente de glucosa en plasma, así como aumentar la actividad antioxidante tanto en personas sanas como en pacientes con diabetes tipo 2; de acuerdo con pruebas realizadas, los pacientes con diabetes tipo 2 que consumieron en el desayuno altos niveles de carbohidratos más *Opuntia ficus-indica* mostraron tener un nivel significativamente más bajo de la curva de glucosa que los pacientes que sólo consumieron en el desayuno altos niveles de carbohidratos[8].

Estudios demostraron que la ingesta oral de nopal (*Opuntia* spp.) induce un efecto hipoglucémico tanto en animales experimentales como en humanos; la ingestión de tallos o cladodios de *Opuntia* spp. disminuyó la hiperglucemia inducida por una carga oral de glucosa en sujetos sanos y demostró ser útil en el tratamiento a corto plazo de pacientes diabéticos, incluyendo los pacientes con diabetes mellitus no insulinodependientes[9].

También un estudio científico demostró que el jugo de cactus tiene una fuerte propiedad antioxidante y puede absorber especies reactivas de oxígeno que resultaron en una marcada reducción de la hiperglucemia, de la hipercolesterolemia, de la peroxidación de lípidos, de los niveles elevados de urea, que mejora las actividades de la enzima antioxidante, que interviene en la reducción de glutatión en la sangre, de aminotransferasas séricas y en el aumento del contenido de hemoglobina, proteínas y glucógeno en el hígado en ratas diabéticas[11].

Actividad anti-hipercholesterolemia

Evidencias experimentales sugieren que *Opuntia* spp. reduce los niveles de colesterol en la sangre humana y modifica la composición de LDL (lipoproteína de baja densidad); los niveles plasmáticos de colesterol, la composición de LDL y los triglicéridos de las ratas se redujeron considerablemente después de 30 días con una administración diaria de 1 g de extrato de cladodios de *Opuntia ficus-indica* por kilogramo de peso[12]; además, varios investigadores han observado disminuciones en el colesterol LDL y los triglicéridos cuando la ingesta dietética individual se complementó con cladodios.

Opuntia ficus-indica también es una fuente de pigmentos de betanina y de indicaxantina con propiedades funcionales que pueden ser utilizadas además como colorantes alimentarios. La betanina y la indicaxantina podrían estar implicadas en la mejora del estado oxidativo de las LDL in vivo; además, otros estudios demostraron que el consumo de frutos de *Opuntia* afectaba positivamente el equilibrio redox del organismo y reducía el daño oxidativo de los lípidos al igual que la ingesta de zumo de remolacha roja que también retrasaba la oxidación de las LDL[22].

Propiedades anti-cancer

Diferentes especies de *Opuntia* silvestres o domesticadas que se utilizan como recursos alimenticios y en la medicina popular, exhiben propiedades biológicas antioxidantes y citoprotectoras que son potencialmente capaces de proteger contra el desarrollo de enfermedades en las que están involucrados el estrés oxidativo y los lípidos oxidados, tales como el cáncer de colon o la arterosclerosis; estudios científicos demostraron que las líneas celulares del colon y la próstata eran las más afectadas por los extractos de *Opuntia* spp., también se demostró que un agente fitoquímico aislado de los frutos de *Opuntia* ejerce un efecto apoptótico sobre una línea celular de la leucemia mieloide crónica humana[13].

Estudios científicos demostraron que los pigmentos betanina y betacianina extraídos de los frutos de *Opuntia ficus-indica* tienen efectos antiproliferativos que inducen la apoptosis en la línea celular de la leucemia mieloide crónica humana-K562[2]. También otros estudios sugieren que el extracto de la tuna o fruto del cactus inhibe la proliferación de líneas celulares de cáncer de cuello uterino, ovario y vejiga in vitro, como asimismo suprime el crecimiento tumoral de cáncer de ovario in vivo en ratones[3].

También se encontró que las betalaínas de los frutos de *Opuntia ficus-indica* poseen una actividad antiproliferativa en las células cancerosas; los extractos de la fruta contienen betalaínas que poseen un efecto inhibidor significativo del crecimiento de las células cancerosas de ovario humanas con similar efecto al 4-HPR un agente quimiopreventivo sintético; estos extractos también inhiben el crecimiento del 40-60% de las células inmortalizadas de epitelio cervical y de las células de cáncer cervical; asimismo se encontró que la betalaína induce la apoptosis dependiente de la dosis y del tiempo de la línea celular humana de leucemia mieloide crónica (K562) y disminuye el potencial de membrana de las mitocondrias con la aparición simultánea del citocromo c en las fracciones citosólicas de las células; por lo tanto, una combinación de tratamiento farmacológico con betalaína que detiene a las células en diferentes puntos de control del ciclo celular (fases G1 y/o S) podría ser una estrategia prometedora para inhibir la supervivencia del tumor[23].

De acuerdo con diversas investigaciones, se ha demostrado que los extractos de la planta del cactus *Opuntia* spp., un producto natural, tienen actividad anticancerígena aunque los componentes activos no han sido claramente identificados; en la práctica, como es bien sabido, los agentes quimiopreventivos pueden necesitar ser utilizados por un largo período de tiempo para que sean efectivos; en este sentido, el cactus como agente quimiopreventivo no tiene efectos tóxicos por lo que sus extractos como suplementos dietéticos pueden ser consumidos de manera prolongada tanto por personas sanas y normales como por aquellas personas con alto riesgo o susceptibles de contraer cáncer[14]. Por lo tanto, los extractos de *Opuntia* spp. probados en diversos estudio s científicos podrían ser buenos candidatos para la prevención del cáncer tanto en poblaciones normales como en aquellas poblaciones de alto riesgo y además pueden ser útiles para la prevención de la recurrencia de distintos tipos de cáncer[19].

Prevención de la osteosporosis

El nopal puede ser un excelente complemento alimenticio para complementar la ingesta nutricional de la dieta y contribuir a la **prevención de algunos trastornos óseos como la osteoporosis**[7]. Por ejemplo, según los resultados científicos, el nopal en polvo puede ser una fuente alternativa de calcio en poblaciones para las que la disponibilidad de productos lácteos es difícil de obtener y también **para aquellos que sufren de intolerancia a la lactosa**[18].

Es bien sabido que el calcio dietético procedente de vegetales es una excelente opción para mejorar o mantener la salud ósea; se encontró que la ingesta de calcio, especialmente procedente de una fuente vegetal como el nopal, es un **excelente nutracéutico para mejorar la Densidad de la Masa Ósea (DMO)**; la dosis máxima de nopal deshidratado utilizada en este experimento mejoró la densidad de la masa ósea en mujeres con baja masa ósea con hipocalciuria en la cadera y en la columna vertebral lumbar, principalmente en las mujeres que se encontraban en la etapa premenopáusica; con este tratamiento natural se mantuvo así la calciuria en los niveles normales; la utilización de aproximadamente 600 g de nopal en este estudio mostró que el polvo obtenido contiene una alta cantidad de calcio y un bajo contenido de oxalato de calcio, lo que convierte a *Opuntia* spp. en una fuente importante de calcio en la dieta, por lo tanto y de acuerdo con los resultados obtenidos el **nopal deshidratado puede ser considerado como una excelente fuente de calcio**[16].

Enfermedades de la próstata

Los extractos de flor de cactus han demostrado ser beneficiosos en la hiperplasia prostática benigna debido que inhiben de la 5α-reductasa y la aromatasa además de tener una acción antioxidante[17].

Como conclusión, en vista de los resultados arrojados por las pruebas científicas realizadas, se puede decir que *Opuntia* spp. es un excelente candidato para el desarrollo de múltiples y efectivos productos fitofarmacológicos con amplios benecicios para la salud.

Referencias

[1] Ginestra, Giovanna et al. 2009. Anatomical, Chemical, and Biochemical Characterization of Cladodes from Prickly Pear [Opuntia ficus-indica (L.) Mill.]. J. Agric. Food Chem., 57, 10323–10330.

[2] Guedes Paiva, Patrícia Maria et al. 2016. Opuntia sp. Cactus: Biological Characteristics, Cultivation and Applications. AIR, 7(3): 1-14.

[3] Kaur, Manpreet et al. 2012 . Pharmacological actions of Opuntia ficus indica: A Review. Journal of Applied Pharmaceutical Science 02 (07); 15-18.

[4] Astello-García, Marizel G. et al. 2012. In Hispanic Foods: Chemistry and Bioactive Compounds. Chapter 8: Opuntia spp. as a Source of Bioactive Compounds. American Chemical Society.

[5] López-Cervantes, Jaime et al. 2011. Functional properties and proximate composition of cactus pear cladodes flours. Ciênc. Tecnol. Aliment., Campinas, 31(3): 654-659.

[6] El-Mostafa, Karym et al. 2014. Nopal Cactus (*Opuntia ficus-indica*) as a Source of Bioactive Compounds for Nutrition, Health and Disease. Molecules, 19, 14879-14901.

[7] Hernández-Urbiola, Margarita I. et al. 2011. Chemical Analysis of Nutritional Content of Prickly Pads (*Opuntia ficus indica*) at Varied Ages in an Organic Harvest. Int. J. Environ. Res. Public Health, 8, 1287-1295.

[8] Ondarza, Mauricio A. 2016. Cactus Mucilages: Nutritional, Health Benefits and Clinical Trials. Journal of Medical and Biological Science Research Vol. 2 (6), pp. 87-103.

[9] Frati, Albedo C. et al. 1990. Hypoglycemic Effect of *Opuntia ficus-indica* in Non Insulin-dependent Diabetes Mellitus Patients. Phytotherapy Research, VOL. 4, NO. 5.

[10] Santos Díaz, María del Socorro et al. 2017. Opuntia spp.: Characterization and Benefits in Chronic Diseases. Oxidative Medicine and Cellular Longevity.

[11] Hassan Abd El-Razek, Fatma and Hassan, Amal A. 2011. Nutritional Value and Hypoglycemic Effect of Prickly Cactus Pear (Opuntia Ficus-Indica) Fruit Juice in Alloxan-Induced Diabetic Rats. Australian Journal of Basic and Applied Sciences, 5(10): 356-377.

[12] Chauhan, S. P. et al. 2010. Biological Actions of Opuntia Species. Systematic Reviews in Pharmacy, Vol 1 | Issue 2.

[13] Keller, Julia et al. 2015. Antiatherogenic and antitumoral properties of Opuntia cladodes: inhibition of low density lipoprotein oxidation by vascular cells, and protection against the cytotoxicity of lipid oxidation product 4-hydroxynonenal in a colorectal cancer cellular model. J Physiol Biochem.

[14] Zou, Da-ming et al. 2005. Cactus pear: a natural product in cancer chemoprevention. Nutrition Journal, 4:25.

[15] Barba, Francisco J. et al. 2017. Impact of conventional and non-conventional processing on prickly pear (*Opuntia* spp.) and their derived products: From preservation of beverages to valorization of by-products. Trends in Food Science & Technology 67, 260-270.

[16] Aguilera-Barreiro, Marıa de los Angeles et al. 2013. Intake of dehydrated nopal (*Opuntia ficus-indica*) improves bone mineral density and calciuria in adult Mexican women. Food and Nutr. Research, 57: 19106.

[17] Stintzing, Florian C. et al. 2001. Phytochemical and nutritional significance of cactus pear. Eur Food Res Technol, 212 : 396–407.

[18] Contreras-Padilla, Margarita et al. 2011. Evaluation of oxalates and calcium in nopal pads (Opuntia ficus-indica var. redonda) at different maturity stages. Journal of Food Composition and Analysis 24 38–43.

[19] Toit, Alba du et al. 2018. Cultivar and Harvest Month Influence the Nutrient Content of Opuntia spp. Cactus Pear Cladode Mucilage Extracts. Molecules, 23, 916.

[20] Pavithra K. et al. 2015. Pectin and Isolated Betalains from *Opuntia dillenii* (Ker-Gawl) Haw. Fruit Exerts Antiproliferative Activity by DNA Damage Induced Apoptosis. IJPPR, Volume 7, Issue 6.

[21] De Waal, H.O. et al. 2015. Development of a cactus pear agro-industry for the sub-Sahara Africa Region. Proceedings of International Workshop, University of the Free State, Bloemfontein, South Africa, 27-28, 96 pp.

[22] Sáenz, Carmen et al. 2012. Red betalains from Opuntia spp.: Natural colorants with potential applications in foods. Israel Journal of Plant Sciences, Vol. 60 pp. 291–299.

[23] Gengatharan, Ashwini et al. 2015. Betalains: Natural plant pigments with potential application in functional foods. LWT - Food Science and Technology 64, 645e649.

[24] Hernández-Urbiola, Margarita I. 2011. Chemical Analysis of Nutritional Content of Prickly Pads (*Opuntia ficus indica*) at Varied Ages in an Organic Harvest. Int. J. Environ. Res. Public Health, 8.

Capítulo 5

ECOLOGÍA, BIOTECNOLOGÍA Y APLICACIONES INDUSTRIALES

ECOLOGÍA, BIOTECNOLOGÍA Y APLICACIONES INDUSTRIALES

"El Árbol de la Vida y El Oro Verde" puede crecer fácilmente sin cuidado o con muy pocos cuidados en zonas áridas y semiáridas y mantener la vida en zonas adversas mediante la producción de productos que pueden contribuir al desarrollo y mantenimiento de comunidades en regiones inhóspitas. Esta planta es una fuente de alimento durante todo el año, tanto para los seres humanos como para los animales. También desempeña un papel importante en la protección de las laderas contra la erosión y las inundaciones y puede contribuir a la rehabilitación de tierras marginales mediante la mejora de los niveles de humedad y de la capacidad de retención de agua del suelo. También permite implementar importantes desarrollos industriales y socio-económicos.

INTRODUCCIÓN

Opuntia spp. es una planta perenne que debería ser llamada, como ya se dijo anteriormente, "El Árbol de la Vida y El Oro Verde". Las características fisiológicas y morfológicas de la planta de nopal le permite sobrevivir en ambientes secos y en suelos con baja fertilidad donde otros cultivos no pueden prosperar[4].

Los cactus son las plantas más conspicuas y características de las regiones áridas y cálidas, son notables por su diversidad de formas de crecimiento y su capacidad para crecer y prosperar bajo ambientes que son estresantes para muchas especies de plantas, pueden ser utilizados para prevenir la erosión del suelo y actuar como vallas o cercos vivientes eficaces[15] y productivos.

Los matorrales de *Opuntia* spp. desempeñan un papel importante en la protección de las laderas contra la erosión y las inundaciones, así como también participan en la rehabilitación de tierras marginales mediante el mejoramiento de los niveles de humedad y la capacidad de retención de agua del suelo; los matorrales de *Opuntia* spp. también se utilizan para el pastoreo de animales durante todo el año y pueden convertirse en materia prima de emergencia en los casos de sequía[1].

Las plantas de *Opuntia* spp. pueden soportar podas intensivas y continuas; esta planta puede ser mantenida en la etapa juvenil de manera indefinida mediante la poda continua, que es la herramienta básica de manejo del cultivo para la producción de materia vegetal proveniente de *Opuntia* spp.; la aplicación de altas tasas de estiércol al suelo y la poda son responsables de los altos rendimientos observados en la producción de *Opuntia* spp. como hortaliza en Milpa Alta, México, que pueden alcanzar las 400 toneladas por hectárea y por año[2].

El desarrollo de la actividad agrícola de la chumbera, además de evitar daños al ecosistema productivo, también genera beneficios socioeconómicos; la chumbera es una planta que se cultiva en huertas y no compite con otros cultivos locales tales como el maíz, la cebada, el trigo y el frijol, sino que puede tener una participación importante complementando las actividades agrícolas básicas; también es una planta útil que suele ser cultivada en gran parte en laderas o en terrenos llanos no aptos para cultivos convencionales[6].

El nopal (*Opuntia ficus-indica*) es un cultivo de cactus domesticado desde hace mucho tiempo que ha surgido como una de las especies de cultivo más adecuadas para climas áridos y semiáridos, no sólo por su mejor *Eficiencia en el Uso del Agua* y *Eficiencia en el Uso de la Lluvia*, sino también por ser una fuente que satisface las necesidades de alimentos, forraje y una gran cantidad de otros beneficios junto con las ventajas ecológicas[11].

También, al parecer, en África Central la savia de los cladodios sirvió como repelente de mosquitos; en 1911, Burbank reveló en Scientific American que cuando el mucílago se esparce en el agua asfixia a las larvas de los mosquitos y que el efecto dura hasta un año[18]. Este descubrimiento es otro efecto aparente y beneficioso que el mucílago podría tener para controlar las proliferaciones de mosquitos sin causar daños a los ecosistemas por lo que esta propiedad merecería ser investigada y estudiada a fondo.

"EL ÁRBOL DE LA VIDA Y EL ORO VERDE" COMO FORRAGE Y UNA PLANTA ÚTIL PARA ALIMENTAR ANIMALES

Dentro del género *Opuntia*, *Opuntia ficus-indica* es la especie más importante por su producción de frutos y cladodios comestibles los cuales se utilizan como forraje para alimentar animales[15].

Opuntia spp. es particularmente atractiva como alimento para animales debido a su eficiencia en la conversión del agua en materia seca y, por lo tanto, en energía digestible. *Opuntia* spp. ha sido una planta forrajera muy útil para el ganado en épocas de sequía, principalmente al proporcionar energía digestible, agua y vitaminas. Aunque se la utiliza principalmente para alimentar el ganado vacuno, *Opuntia* spp. también se la utilizada como forraje para alimentar cerdos; sin embargo, cabe destacar que es necesario combinarla con otros alimentos para complementar la dieta diaria de los animales porque las *Opuntias* spp. son pobres en proteínas, aunque ricas en carbohidratos y calcio[3]. El cultivo de *Opuntia* para la producción de forraje requiere un calendario cuidadoso de las prácticas de poda[2].

Algunas especies ganaderas tales como la cabra ya pastan el cactus en ciertas partes de la India, particularmente en las zonas situadas en tierras secas y áridas; allí el cactus es utilizado para alimentar al ganado y a pequeños rumiantes tales como la cabra mezclándolo con otros alimentos que pasan a formar parte de la Ración Total Mixta (RTM); muchos agricultores son incentivados a cortar el cactus en trozos más pequeños y a complementarlo con heno o paja; los cladodios que forman los tallos segmentados del cactus almacenan agua y son ricos en carbohidratos fácilmente fermentables y ayudan a la digestión en el rumen; los caprinos suelen consumir un promedio de 3 kg de cactus al día y pueden mantener su peso corporal sin ningún efecto adverso en su salud; los cactus pueden ser utilizados como forraje para reemplazar el 25% de la materia seca correspondiente al pastoreo regular[11].

Opuntia spp., una especie suculenta y tolerante a la sequía, puede producir más de 20 toneladas de materia seca por hectárea y por año y proporcionar 180 toneladas por hectáreas y por año de agua almacenada en sus cladodios lo que representa una opción rentable para el suministro de agua para el ganado; también los cladodios del cactus y los desechos de los frutos son un alimento rentable para los rumiantes. Los beneficios de utilizar este cactus como alimento están bien documentados[12], si bien los cladodios como el forraje pueden resolver el problema del suministro de agua para el ganado, se debe prestar atención a su bajo contenido de materia seca en relación con la composición de la dieta; para compensar el bajo contenido de materia seca, el rumiante consume grandes cantidades de cladodios, lo que puede causar diarrea; por lo tanto, se recomienda agregar a la dieta de los animales otros alimentos suplementarios apropiados, en particular aquellos que son ricos en nitrógeno[12].

Se hicieron pruebas utilizado los cladodios como alimento suplementario para alimentar distintos tipos de animales tales como cabras pequeñas y corderos; el resultado fue positivo para la ingesta de materia seca, el aumento total de peso vivo y la conversión de alimento y la rentabilidad; los corderos alimentados con una alta proporción de cladodios fueron más eficientes en la conversión del alimento traducido en un aumento total de peso vivo, por lo cual el cactus puede ofrecer una alternativa a los alimentos tradicionales para la alimentación de los corderos sin que afecte al rendimiento de la productividad de los animales y al mismo tiempo, ello permite reducir los costes de producción[15].

Algunos de los desarrollos destinados a mejorar la producción de nopalitos se pueden adaptar a sistemas similares de producción de forraje porque *Opuntia* spp. es una planta que tolera la competencia y la poda intensiva[2].

EL NOPAL EN SISTEMAS COMBINADOS DE CULTIVO

La expansión de los cultivos de cereales en pastizales y la reducción de las prácticas de barbecho son algunas de las principales razones de la disminución de la fertilidad del suelo y del aumento de la erosión eólica; una forma de combatir la degradación resultante de los monocultivos de cereales es la introducción de leguminosas forrajeras, arbustos o árboles forrajeros y el nopal adaptados en sistemas combinados de cultivo; el cultivo asociado o combinado de distintas especies es una práctica agroforestal en la que los cultivos perennes se cultivan juntos con cultivos herbáceos tales como la cebada, la avena y otras plantas. Los cultivares de especies combinadas mejoran la fertilidad del suelo, aumenta el rendimiento de los cultivos, reducen las malezas y mejoran el rendimiento de los animales; los cultivares adecuadamente gestionados en asociaciones y en combinaciones de especies vegetales permite la diversificación y los agricultores se pueden beneficiar de varios mercados productivos; por otra parte, también promueve la sostenibilidad tanto en la producción agrícola como en la ganadera al aumentar la productividad de la tierra y además, permite reducir los riesgos climáticos en comparación con los monocultivos anuales[12].

Otra forma de mejorar y aumentar la producción de *Opuntia* spp. es cultivar en el campo de cactus, *Trifolium pratense* o el trébol rojo, una leguminosa que es una planta beneficiosa que puede fijar nitrógeno aumentando la fertilidad del suelo.

Como es bien sabido, el nitrógeno (N) del suelo es un factor limitante importante para la producción de plantas agrícolas en la mayoría de los ecosistemas del mundo; entre las plantas fijadoras de N_2, las leguminosas forrajeras tienen la ventaja de aportar y de reponer una mayor proporción del nitrógeno al suelo, también el nitrógeno vuelve en parte al suelo a través de la descomposición de la caída de las hojas, del estiércol liberado durante la pastura por los animales, como así también el suelo puede ser favorecido con la implementación del sistema de rotación de cultivos aunque en el caso de las leguminosas de grano gran parte del nitrógeno se pierde cuando se cosechan las semillas; el trébol rojo, una leguminosa perenne ampliamente distribuida que se encuentra en las praderas y pastizales en toda Europa y en otras partes del planeta, es también una importante forrajera y proveedora de abono verde en el mundo[13] por su capacidad de fijar nitrógeno. El trébol rojo es una leguminosa forrajera cultivada en las zonas templadas, se caracteriza por su alto contenido proteínico y su alta tasa de fijación biológica del nitrógeno, por lo tanto, el uso del trébol rojo para favorecer la fertilización natural del suelo podría ser una contribución útil al suelo y al ecosistema agrícola, ya que puede contribuir a una producción agrícola sostenible reduciendo el impacto ambiental de la agricultura[14].

UTILIZACIÓN AGRO-INDUSTRIAL

Las oportunidades industriales para *Opuntia* spp. se extienden más allá de los productos alimenticios naturales que ofrece, y esta es una de las razones por las cuales que hace que esta especie sea valiosa. *Opuntia* spp. es cultivada tanto por los múltiples beneficios que posee como por las oportunidades de la explotación comercial que ofrece[16]. "El Árbol de la Vida y El Oro Verde" es un recurso natural que permite el desarrollo económico con importantes mejoras económicas para los agricultores dado que es una fuente de materia prima tanto para la industria alimentaria como para la industria no alimentaria.

La producción de colorantes a partir del cultivo de cochinilla y de la obtención de betalaínas, la producción de harina y de biofloculantes son algunos de los productos agroindustriales que se pueden obtener de "El Árbol de la Vida y El Oro Verde".

También, la industria alimentaria puede aprovechar las propiedades físico-químicas del mucílago para mejorar la viscosidad, la textura, las características sensoriales y la vida útil de sus productos[18].

PRODUCCIÓN DE COLORANTE

COCHINEAL Y ÁCIDO CARMÍNICO

Uno de los productos indirectos más atractivos de *Opuntia* spp. es el colorante carmín producido por el insecto cochinilla (*Dactylopius coccus*), que es un colorante natural de color rojo que puede ser utilizado en alimentos que es conocido como carmín, ácido carmínico o cocheneal; la cochinilla que lo produce es un insecto del orden de los Hemípteros que parasita las plantas de *Opuntia ficus-indica* de las que se alimenta; las plantas para la producción de colorante deben ser manejadas de manera diferente a las utilizadas para la producción de frutos o cladodios; además, el insecto debe ser específicamente cultivado, cosechado y procesado para producir el colorante[16].

La cochinilla *Dactylopius coccus* es la especie que se utiliza para la producción de colorantes; el colorante extraído de la cochinilla es rico en ácido carmínico y se puede utilizar para la coloración de los alimentos, de los cosméticos, de productos textiles y de medicamentos[5].

BIOLOGÍA DE LA COCHINILLA *DACTILOPIUS COCCUS*

La cochinilla es un insecto parásito sésil que vive en las plantas de *Opuntia* spp.; las ninfas del primer estadio son la única etapa de la vida móvil; estas ninfas se arrastran y dispersan a lo largo de la planta huésped en busca de un lugar para asentarse o son transportadas por el viento a otros huéspedes potenciales permitiéndoles colonizar así áreas distantes; una vez asentadas, las ninfas se convierten en sésiles y se transforman en insectos adultos; debido a su falta de movilidad, las cochinillas son fácilmente recolectadas por los campesinos utilizando cepillos o cucharas suaves para retirarlas de sus plantas hospederas; en la mayoría de los casos, sólo los insectos o plantas menos accesibles quedan intactos[1].

El ciclo de vida de la cochinilla varía según su sexo; el ciclo de vida de la hembra tiene dos etapas de ninfa y una etapa adulta, mientras que el macho pasa por cuatro etapas de ninfa; los dos primeros estadios son comparables a los de la hembra, pero el tercero y el cuarto estadios se caracterizan por una etapa de prepupa y pupa; además, la metamorfosis de la cochinilla hembra es incompleta mientras que la del macho es una metamorfosis completa; el ciclo de vida de la cochinilla que oscila entre 90 y 128 días, varía en función de variables climáticas tal como la temperatura; la cría de la cochinilla es afectada por la temperatura y los períodos de lluvia; la cochinilla hembra pone hasta 420 huevos[5]. El número medio de huevos producidos en un ovisaco es de 130 por hembra; éstos permanecen en el lado abdominal de la hembra; las hembras adultas permanecen adheridas a los cladodios mientras que los machos son alados y tienen una vida más corta que es de 7 días; *Dactylopius coccus* se utiliza como enemigo natural de *Opuntia ficus-indica* en países donde este cactus se considera una maleza; sólo las hembras y las ninfas se alimentan de las plantas y le causan daño al succionar la savia del cladodio; el ácido carmínico producido por *Dactylopius coccus* está involucrado en la protección del insecto de los enemigos naturales[7].

El colorante de cocheneal como negocio

Un uso fascinante de *Opuntia ficus-indica* fue como planta huésped para el crecimiento del insecto cochinilla *Dactylopius coccus* que es la fuente de un colorante rojo muy apreciado como lo es el ácido carmínico; después del oro y la plata, el colorante de cochinilla que era muy apreciado se convirtió en la tercera fuente de ingresos de la corona española en la Nueva España; la exitosa producción de colorante de cochinilla incrementó su demanda a nivel mundial, tanto en el mercado europeo como en el asiático y la expansión de las especies de *Opuntia* y la producción de cochinilla continuó durante los siglos XVII y XVIII[4].

Otro ejemplo de negocio con la cochinilla fue la introducción de la cochinilla de carmín en Etiopía con fines de exportación del colorante; se iniciaron nuevas plantaciones de cactus y en un lapso de 2 a 3 años la empresa desarrolló 135 hectáreas de las 300 hectáreas prometidas con nuevas plantaciones de *Opuntia ficus-indica* infectadas con cochinilla; en poco tiempo la empresa comenzó a cosechar cochinillas de carmín y a exportar insectos secos de cochinilla; el negocio de la cochinilla creó oportunidades de empleo para 32 trabajadores de tiempo completo y para más de 136 trabajadores ocasionales; como la cochinilla era un insecto introducido se asumió que no tenía enemigos naturales que pudieran infectar el insecto en Etiopía; por lo tanto, ésta fue una muy buena oportunidad para la expansión del negocio de la cochinilla en la región[8].

Pigmentos de betalaínas como colorantes

Las betalaínas son pigmentos de color rojo y púrpura que se encuentran en el fruto de *Opuntia* spp. y que son ampliamente utilizadas en la industria alimentaria[16].

Opuntia spp. posee varias betalaínas comerciales. Las betalaínas son pigmentos que contienen nitrógeno y son solubles en agua, estos pigmentos se encuentran en altas concentraciones en las plantas de la chumbera y pueden ser utilizados como colorantes naturales de alimentos[9]. Los pigmentos de betalaína son compuestos bioactivos con diversas aplicaciones biotecnológicas, están conformados por dos grupos principales de pigmentos: las betacianinas que son pigmentos de color rojo y las betaxantinas que son pigmentos de color amarillo. Por sus colores estos pigmentos pueden tener una gran aplicación, principalmente en la industria alimentaria ya que son aptos para sustituir los colorantes artificiales que causan trastornos alérgicos y son cancerígenos[4].

Aceite de semillas

El aceite de semillas de *Opuntia* spp. se obtiene a partir de semillas prensadas en frío y algunas de sus principales aplicaciones están siendo desarrolladas por la industria cosmética; el aceite de semillas está destinado principalmente a la producción de productos cosméticos y se vende a un precio muy alto como aceite orgánico con fines de antienvejecimiento y como antiarrugas[10].

Una fuente natural de edulcorantes

El uso de edulcorantes naturales diferentes de la sacarosa es un área de interés para la industria alimentaria; el uso de jarabe de maíz de alta fructosa —High Fructose Corn Syrop— (HFCS) como edulcorante ha aumentado en los últimos años; la industria alimentaria utiliza estos edulcorantes para endulzar bebidas, galletas, helados y otros productos; los resultados de los análisis de rotación óptica realizados en los azúcares de la tuna indican la presencia de 57.1% de glucosa y 42.9% fructosa por lo que los frutos de cactus pueden ser utilizados como materia prima en la fabricación de edulcorantes naturales[17].

BIOTECNOLOGÍA

La biotecnología puede mejorar aspectos biológicos y comerciales de *Opuntia* spp. creando nuevas oportunidades de interés para su aplicación en diferentes campos de la ciencia; el cultivo del nopal como recurso biológico promueve numerosos beneficios en el campo de la bioecología tales como la promoción de la biodiversidad, la prevención de la degradación del suelo y el suministro de agua en zonas áridas y semiáridas; cualquiera que sea el bioproducto o la mezcla de bioproductos derivados de *Opuntia* spp., las empresas de bioeconomía basadas en el nopal se ven incentivadas para adoptar biotecnologías de producción ecológica[8]. En una de las áreas de la biotecnología, el cultivo de tejidos puede ser una excelente herramienta para la micropropagación del cactus; muchos cactus producen un exceso de auxina en condiciones de cultivo in vitro y ello estimula la producción de callos; la micropropagación es un sistema de propagación efectivo que ofrece la posibilidad de obtener brotes de una manera segura y en un tiempo bastante corto[15].

BIOGAS PARA UN MEDIO AMBIENTE AMIGABLE

Como ejemplo ilustrativo de la utilización de la chumbera para obtener energía renovable, como ejemplo se puede citar la experiencia de una empresa pionera en México que desde 2015 utiliza biogás basado en cladodios para producir energía para satisfacer demandas de calefección, combustible y electricidad; esta empresa utiliza dos tanques cerrados como biodigestores donde los cladodios de su plantación de cactus de 70 hectáreas son utilizados para favorecer la biodigestión anaeróbica para producir biogás y fertilizantes compuestos por agua y humus ricos en nitrógeno; los cladodios son cortados antes de insertarlos en el biodigestor formados por grandes tanques con agua a 38°C donde las bacterias descomponen la mezcla en biogás de alta calidad conformado por 75% de metano, 24% de dióxido de carbono y 1% de gases menores sin ningún rastro de sulfuro de hidrógeno; la capacidad de producción de calefacción del biogás es de 7000 kcal/m^3; el biogás así obtenido es sometido a un tratamiento adicional con extractos de ácido sulfúrico y dióxido de carbono lo que da como resultado un 96% de biogano. Como combustible, el biogano se utiliza en vehículos de motores de combustión interna retroadaptados[4, 22].

LOS BENEFICIOS DE LOS ECOSISTEMAS AGRÍCOLAS SUSTENTABLES

La sustentabilidad de los ecosistemas agrícolas depende de la capacidad de los agricultores para mantener la productividad de los suelos, gestionar la biodiversidad para producir alimentos y, al mismo tiempo, buscar una gestión agrícola eficiente que beneficie al ecosistema.

En los sistemas agrícolas, la biodiversidad desempeña funciones en los ecosistemas más allá de la producción de alimentos, de fibras, de combustibles y de insumos; ejemplos ilustrativos incluyen el reciclaje de nutrientes, el control del microclima local, la regulación de los procesos hidrológicos locales, la regulación de la abundancia de organismos indeseables y la desintoxicación de sustancias químicas nocivas[20].

La biodiversidad agrícola incluye todos los componentes de la diversidad biológica relevantes para la producción de bienes en los sistemas ecoagrícolas tales como la variedad y la variabilidad de plantas, de animales y de microorganismos a nivel genético, de especies y de ecosistemas que son necesarios para sostener múltiples funciones, estructuras y procesos claves en el agroecosistema; también en los agroecosistemas son tenidos en cuenta todas las asociaciones e interacciones existentes entre los cultivos, los árboles y otras plantas, animales diversos y ganado asociados, como asimismo la presencia y la acción de especies interactivas tales como polinizadores, simbiontes, plagas, parásitos, depredadores y competidores[19].

Los sistemas de cultivos múltiples y combinados utilizan prácticas de gestión en las que la producción total de cultivos en una sola parcela de tierra se logra mediante el implemento de cultivos individuales en secuencia estrecha con el establecimiento simultáneo de varios cultivos o la combinación de cultivos individuales y mixtos en alguna secuencia específica; en las zonas del mundo en las que el cultivo múltiple es un aspecto común de la gestión de los agroecosistemas, la productividad suele ser más estable y constante a largo plazo[21].

Es importante manejar la introducción apropiada de combinación de especies para lograr que la producción agrícola tenga ganancias en sistemas que interactúen en beneficio del ecosistema agrícola, en la medida de lo posible se debe evitar el uso de agroquímicos tales como fertilizantes, pesticidas y herbicidas. El uso inapropiado o excesivo de algunos insumos a menudo reduce la biodiversidad en los ecosistemas agrícolas (comprometiendo así la productividad futura) y en otros ecosistemas[19].

La sostenibilidad ecoagrícola donde los cultivos intercalados, la agroforestación, los cultivos rotativos y otros métodos tradicionales de cultivo imitan los procesos ecológicos naturales radica en la aplicación de modelos ecológicos eficientes; este uso de analogías con sistemas naturales sugiere principios para el diseño de sistemas agrícolas que hacen un uso efectivo de la luz solar, de los nutrientes del suelo, de las precipitaciones y de los recursos biológicos[20].

"El Árbol de la Vida y El Oro Verde" es una planta que puede ser explotada de manera efectiva combinada con otros cultivos en un ecosistema agrícola eficiente, productivo y sostenible.

Referencias

[1] Rodríguez, Luis C. et al. 2006. Local identification and valuation of ecosystem goods and services from Opuntia scrublands of Ayacucho, Peru. Volume 57, Issue 1, Pages 30-44.

[2] Mondragón-Jacobo, Candelario et al. 2001. Cultivation of opuntia for fodder production: from re-vegetation to hydroponics. FAO.

[3] Reynolds, Stephen G. and Arias, Enrique. 2001. General background on *Opuntia*. Introduction. Opuntia as forage. FAO.

[4] Ciriminna, Rosaria et al. The unfolding bioeconomy of nopal (*Opuntia* spp.).

[5] Abrha, Haftu et al. 2018. Modeling the impacts of climate change and cochineal (*Dactylopius coccus* Costa) invasion on the future distribution of cactus pear (*Opuntia ficus-indica* (L.) Mill.) in Northern Ethiopia. JPACD, 20:128-150.

[6] Losada, Hermenegildo R. et al. 2017. Economic Indicators, Capacity of the Ecosystem of Prickly Pear Cactus (*Opuntia Megacantha*) and Environmental Services in Teotihuacan, México to Supply Urban Consumption. Journal of Agriculture and Environmental Sciences, Vol. 6, No. 1, pp. 85-91.

[7] Bouharroud, R. et al. 2018. Biological control of the prickly pear cochineal Dactylopius opuntiae Cockerell (Hemiptera: Dactylopiidae). Bulletin OEPP/EPPO Bulletin, 0 (0), 1–7.

[8] Belay, Tesfay. 2015. Carmine cochineal: fortune wasted in northern Ethiopia. JPACD, 17:61-80.

[9] Pavithra K. et al. 2015. Pectin and Isolated Betalains from *Opuntia dillenii* (Ker-Gawl) Haw. Fruit Exerts Antiproliferative Activity by DNA Damage Induced Apoptosis. IJPPR, Volume 7, Issue 6.

[10] De Waal, H.O. et al. 2015. Development of a cactus pear agro-industry for the sub-Sahara Africa Region. Proceedings of Internation-

al Workshop, University of the Free State, Bloemfontein, South Africa, 27-28, 96 pp.

[11] Kauthale, Vitthal et al. 2017. Cactus an Emerging Fodder Crop of Arid and semi Arid India. BAIF Development Research Foundation.

[12] FAO. 2017. Crop ecology, cultivation and uses of cactus pear. Food and Agriculture Organization of the United Nations and the International Center for Agricultural Research in the Dry Areas.

[13] Warembourg, F. R. et al. 1997. Economy of symbiotically fixed nitrogen in red clover (*Trifolium pratense* L.). Annals of Botany 80:515-523.

[14] McKenna, Patrick et al. 2018. The use of red clover (*Trifolium pratense*) in soil fertility-building: A Review. Field Crops Research 221: 8–49.

[15] Shedbalkar, Utkarsha U. et al. 2010. *Opuntia* and Other Cacti: Applications and Biotechnological Insights. Tropical Plant Biol. 3:136–150.

[16] Sáenz, Carmen et al. 2013. Agro-industrial utilization of cactus pear. Food and Agriculture Organization of the United Nations, FAO.

[17] Sáenz, Carmen et al. 1998. Cactus pear fruit: A new source for a natural sweetener. Plant Foods for Human Nutrition 52: 141–149.

[18] University of California. 1989. Prickly Pear Cactus Production. Small Farm Center, University of California.

[19] Jarvis, D. I. et al. 2007. Managing Biodiversity in Agricultural Ecosystems. Bioversity International.

[20] Altieri, Miguel A. 1999. The ecological role of biodiversity in agroecosystems. Agriculture, Ecosystems and Environment 74: 19–31.

[21] Gliessman, Stephen R. Capter V: Multiple Cropping Systems: A Basis for Developing an Alternative Agriculture. University of California.

[22] Nopalimex. http://www.nopalimexgasyenergia.com.

Made in the USA
Monee, IL
05 November 2026

67383154R00083